留住江豚的微笑
SAVING THE SMILING PORPOISE

长江江豚环境教育课程 　　陈璘主编

联合发布机构： WWF　　ONE PLANET 一个地球

中国林业出版社
China Forestry Publishing House

本书联合发布机构

世界自然基金会（WWF）

　　世界自然基金会（World Wide Fund for Nature）是在全球享有盛誉的、最大的独立性非政府环境保护组织之一，在全世界拥有将近 520 万名支持者，在 80 多个国家开展保护工作。WWF 的使命是遏止地球自然环境的恶化，创造人类与自然和谐相处的美好未来。

深圳市一个地球自然基金会

　　深圳市一个地球自然基金会是注册在深圳的非公募基金会，其宗旨是通过保护生物多样性、降低生态足迹、确保自然资源的可持续利用而创造人类与自然和谐相处的美好未来。

感谢

雪佛兰品牌对本书出版和推广提供的支持

雪佛兰
CHEVROLET

鹰角网络、万科公益基金会和爱德基金会对课程开发提供的支持

感谢以下单位为本书编写提供专业指导：

农业农村部长江流域渔政监督管理办公室、中国科学院水生生物研究所、中国水产科学研究院长江水产研究所、中国野生动物保护协会水生野生动物保护分会

感谢以下单位协力支持：

湖北长江天鹅洲白鱀豚国家级自然保护区、湖北长江新螺段白鱀豚国家级自然保护区、湖北监利何王庙长江江豚省级自然保护区、湖南华容集成长江故道江豚省级自然保护区

序一

在 2022 年全国水生野生动物保护科普宣传月期间，我收到了来自世界自然基金会和深圳市一个地球自然基金会联合发布的《留住江豚的微笑：长江江豚环境教育课程》的样书。我作为从事多年水生野生动物保护的工作者，对这本新书期待已久，也期待更多关于水生野生动物保护的科普书籍发行。早在 2021 年 1 月，我就受课程编写项目组的邀请，参加了这本书编写的立项研讨会。一年后，我欣慰地看到这本书从设想构思到定稿。在此，首先对工作组辛勤工作取得的成果表示祝贺。

长江江豚是长江生态系统的指示物种。这本书虽然主角为长江江豚，但实则是通过它讲述长江大保护的故事，呼吁保护生命长江。从一定程度上来说，长江淡水豚保护的 40 年历程，也是中国水生野生动物保护观念转变、保护工作发展的历程。经过这些年的努力，中国初步形成了保护优先、规范利用、严格监管的管理格局。

水生野生动物保护工作复杂而且任务艰巨，这就要求我们以创新、开放、共享的理念开展相关工作。在加强保护制度建设、提升物种保护能力的同时，应增强公众的保护和参与意识，推动形成政府主导、科技支撑、公众参与、社会监督和国际合作的水生野生动物保护格局。

如今，我国水生野生动物保护法律法规体系已逐步完善，先后出台了《中华人民共和国野生动物保护法》《中华人民共和国渔业法》《中华人民共和国长江保护法》《中华人民共和国湿地保护法》《中华人民共和国水生野生动物保护实施条例》《中华人民共和国自然保护区条例》等法律法规，并实施长江流域重点水域十年禁渔政策和栖息地管理制度。法律法规的完善极大地推进了水生生物保护工作。

近 10 年来，许多国内外社会组织、企业、爱心人士等也积极投身于以长江江豚保护为标志的长江水生野生动物保护事业。在他们的共同参与和推动下，社会公众对水生野生动物保护意识有了一定的提升。我所在的水生野生动物保护分会长期致力于中国水生野生动物保护及科普宣传工作，我因此而结识了一大批从事或关注水生野生动物教育的专家学者和机构工作者，陈璞女士和张新桥博士就是其中的两位。他们引入了国际环境教育课程开发的理论方法，基于一线保护工作经验，通过丰富多彩的教学方式将艰深的保护理念转化为受众易于接受的保护知识。此次，他们与相关专家联合编写的新作《留住江豚的微笑：长江江豚环境教育课程》，为以江豚为代表的水生动物的教育工作提供了有力工具。

这是一本践行水生生物保护教育的新书，是推进自然教育的好书。我向青少年、水生生物保护教育工作者倾情推荐，期待它能在青少年心中播种一粒关爱水生动物的种子，开出热爱自然、尊重自然、保护自然的花，为生态文明建设作出新的贡献。

水生野生动物保护分会会长

2022 年 11 月于北京

序二

2022 年 10 月底，在完成全国第四次长江全流域科学考察任务后，我收到了在我的指导下获得博士学位、来自世界自然基金会（WWF）的张新桥博士的邀请，为其即将出版的新书《留住江豚的微笑：长江江豚环境教育课程》作序。

我所在的中国科学院水生生物研究所鲸类保护生物学学科组是专门开展白鱀豚、江豚等国家重点保护水生珍稀野生动物的保护生物学研究的团队。这个学科组的前身是成立于 1978 年的白鱀豚研究组。40 余年来，我们围绕白鱀豚和长江江豚开展了系统深入的研究，范围涉及形态解剖、生态调查、声学、繁育生物学和保护遗传学等方面，在国内外形成了较大影响力。

毫无疑问，对野生动物保护工作来说，科学研究是基础，也就是说我们只有对保护对象的各方面情况有深入了解，才能制定合理、可持续的保护策略并有效实施。1986 年，中国科学院水生生物研究所的老一辈专家提出了中国淡水豚就地保护、迁地保护和人工繁育三大保护策略。我作为学科组第三代负责人，和我的团队一起一直致力于通过科学研究为中国淡水豚保护政策、行动提供科学支撑。40 年来，我们深度参与了一系列中国淡水豚的保护工作，包括湖北天鹅洲迁地保护种群构建、第一头人工环境下长江江豚自然繁育成功、天鹅洲长江江豚冰灾拯救行动、第四次长江全流域江豚科学考察、《长江江豚拯救行动计划（2016—2025）》的编写和实施、长江江豚迁地保护工程实施、长江江豚野化放归、长江十年禁渔等。如今，长江江豚保护的工作还在持续有效地推进，而这些保护行动是建立在我们对长江江豚的生态、行为、生理、遗传、声学等方面的认识，以及保护管理相关的研究、探索和应用的基础上的。

当前的长江江豚保护不仅有政府的整体领导和学者的科研工作的坚实支持，还有社会的广泛参与。通过各方力量的共同努力，长江江豚快速下降的趋势得到有效遏制。当然，威胁江豚生存的人类活动尚未得到根本性的改变，微笑天使的保护仍然任重道远。我们不仅要继续巩固保护成果，也需要不断地通过研究探索更有效的保护和管理方式、方法，进一步提升保护的成效。与此同时，积极引导公众的关注和参与，对我们共同的保护事业是有很大帮助的。

今年，社会各界对于第四次长江全流域江豚科学考察给予了高度期待。作为一名亲历长江淡水豚科研和保护工作 40 余年的科学工作者，我对今天全社会保护意识的大幅度提升感到十分欣慰。公众的热情和关注提升了，如何科学引导公众参与将会成为下一阶段重要的工作。

WWF 是第一家关注长江江豚保护的国际非政府环保组织，近 20 年来为以长江江豚为代表的长江生态系统保护作出了重要贡献。他们通过引入国际保护经验、推进社区共管机制建设、搭建国内外交流与合作平台、组织和策划公众宣传活动等，积极推进了长江江豚的保护事业。

当这本以长江江豚为主题的环境教育课程用书摆在我面前时，我感慨万千：一是感受到长江江豚的保护事业随着社会的进步也在与时俱进，社会公众需要深入浅出的创新教育的方式。为了积极应对这种需求，以江豚为主题的环境教育也在迅速发展和规范化。二是看到了许多展示专业科学研究和保护知识的新形式。该编写团队十分用心，他们将江豚的生理、生态学、行为、声学、保护管理、社区发展等方面的专业知识与江豚保护的经历和故事结合起来，用体验式、交互式的形式展现在这本课程用书中。我期待着这本课程用书可以影响更多的公众，尤其是可以影响年轻一代，激发他们对水生动物的兴趣，提升其环保的意识和行动力。

我诚挚希望这本书也可以像江豚一样，起到旗舰物种的作用，激发出更多的长江水生生物的优秀科普作品和课程的问世，为我国的长江大保护事业贡献更多的示范案例和教育工具。此外，编者告诉我这本书还将被翻译为英文在国际上推广。我期待书中讲述的中国优秀保护故事可以向全球传播，向世人展示中国人的生态保护智慧，为全球范围内其他国家和区域的鲸豚类动物保护和教育提供中国经验。最后，祝愿我们的鲸豚类朋友微笑依旧，我们的母亲河长江永葆健康，地球母亲生生不息。

中国科学院水生生物研究所　研究员
中国人与生物圈国家委员会　秘书长
武汉白鱀豚保护基金会　理事长
2022 年 11 月　于武汉

目录

导 读

选题背景

长江江豚（以下简称江豚）是长江生态系统的指示物种和伞护种

　　长江发源于世界屋脊青藏高原，是世界上第三长的河流，与黄河共同被誉为中华民族的母亲河，是支撑中国经济社会发展和生态安全的重要基石(图0-1)。巨大的水生生态系统对中国的民生和经济至关重要。长江流域生活着约 1/3 的中国人口，长江经济带 11 省、直辖市的经济总量占全国的 40% 以上，在我国经济发展中具有重要的引擎作用。

© Luo Shaoyang

▲　图 0-1　长江的西源——沱沱河

　　长江是世界上水生生物多样性最为丰富的河流之一、位列全球七大生物多样性丰富河流之一、世界自然基金会（以下简称 WWF）全球重点保护的 35 个生态优先区之一。长江支流众多，主要支流有 49 条，湖泊密布，淡水资源十分丰富，是中国重要的淡水水生生物基因库和淡水鱼主要产区。据不完全统计，长江流域分布有 4300 多种水生生物，其中，鱼类 440 多种，占我国淡水鱼总数的 1/3，其中，纯淡水鱼类 375 种，特有鱼类 170 多种，居全国各大河流之首。

　　长江还是全球河流中同时生存两种淡水鲸豚类动物（白鱀豚和江豚）的两条河流之一。在白鱀豚被宣告功能性灭绝后，江豚成为长江中仅剩的鲸豚类动物（图 0-2）。

© WWF/Kent Truog

▲ 图 0-2 江豚

江豚属于鲸目鼠海豚科动物，中国特有淡水豚类。它们唇线上扬，看上去像是在微笑，所以也被亲切地称为"微笑天使"。江豚真的在笑吗？"微笑"是很多人见到江豚后留下的印象，实际上这只是江豚吻部的特点，江豚并不会像人类通过"微笑"来展现情绪。不过，也恰恰是这种美好的误解，越来越多的公众开始喜爱和关注江豚的生存现状。

相关资料显示，20 世纪 80 年代之前，江豚在长江中下游地区较为常见，但缺乏种群数量研究数据。1993 年，中国科学院水生生物研究所（以下简称水生所）张先锋等科研人员根据其在 1984—1991 年考察收集的资料，首次推算出长江内的野生江豚约 2700 头。此后，陆续有科研人员开展考察和研究，推算江豚数量。2001 年，在上海鲸豚保护研讨会上，专家基于有限的野外数据达成共识，长江内江豚数量已不足 2000 头。2006 年，首次长江淡水豚类考察的结果显示江豚种群数量已减少至 1800 头。2012 年，第二次长江淡水豚考察结果显示，江豚种群数量继续下降至 1040 头，并且呈现加速下降趋势。其中，长江干流种群数量的年均下降速率甚至达到了 13.7%。专家预测：如不加强保护，江豚会在 20 年左右从长江干流中消失。2017 年调查显示，野生江豚种群数量约为 1012 头，快速下降的趋势有所缓解。整体来看，江豚种群数量相比于 20 世纪 80~90 年代还是减少了约 60%（图 0-3）。

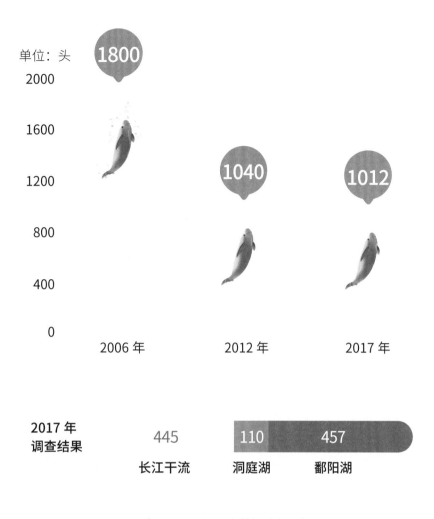

单位：头

▲ 图 0-3　江豚种群数量变化示意图

　　江豚是长江生态系统的指示物种。它们主要以小型鱼类、虾、软体动物等为食，位于长江生态系统食物链的顶端，它们的生存状况直接代表着长江生态系统的健康状况。

　　近 50 年来，长江干流的渔业资源大幅衰减，从 1954 年的 43 万 t，下降到 1990 年代的 10 万 t，仅占中国淡水水产品总产量的 0.32%，总降幅超过 80%。以"四大家鱼"为例（图 0-4），鱼卵鱼苗等早期资源量比 20 世纪 50 年代减少了 90% 以上。这种持续多年的竭泽而渔的捕捞方式造成了长江流域渔业资源的严重匮乏，已经敲响了"长江无鱼"的警钟。长江豚类长期"无鱼可食"，饥肠辘辘，野外调查和巡护发现许多非正常死亡的江豚肚内都是空空如也。

1954 年长江干流天然捕捞量达 **43** 万 t

1960 年代捕捞量下降到 **26** 万 t

1980 年代捕捞量下降到 **20** 万 t

1990—2019 年，捕捞量已不足 **10** 万 t

▲ 图 0-4　长江干流天然捕捞量变化示意图（1954—2019 年）

伞护种是保护生物学的一个概念。指该物种的生存环境需求能够涵盖同个生态系统中的其他物种的生存环境需求。通过保护伞护种可以同时有效保护与它生活在同一生态系统中的物种。

除此之外，农业生产、居民生活和工业发展造成的水体污染、拦河筑坝、航道整治、挖沙采石和岸坡硬化等问题，进一步加剧长江天然渔业资源的持续下降，江豚栖息地的生态环境质量也在不断下降，长江中的野生江豚种群分布呈现严重的碎片化状态。令人痛心的是，除了食物短缺，非法捕捞所采用的毒鱼、炸鱼、电打鱼及迷魂阵、滚钩等捕鱼工具，往来的航运船只也会误伤江豚，严重时甚至导致其死亡。

2013 年，世界自然保护联盟（IUCN）将江豚列为极度濒危物种。江豚极度濒危的状态反映出长江中下游干流及两大通江湖泊，甚至是整个长江水生态系统已经处于高度脆弱状态。同时，作为被赋予"伞护种"地位的江豚，也成为长江保护的重要抓手。拯救江豚刻不容缓，不仅是为了拯救这种神秘的智慧型水生动物，也是为了拯救长江淡水生态系统丰富的生物多样性和重要的生态系统服务功能，守护包括人类在内的所有生物共同的家园——母亲长江。

长江豚类保护的发展历程

长江豚类的保护自 20 世纪 70 年代末期发展至今，40 多年来，守护者们坚持不懈地努力付出，见证了江豚数量从快速下降到呈现恢复性增长趋势的转变，经历了由悲观到乐观的心态转变。近 10 年，全社会携手共推江豚保护朝着积极的方向发展。

长江淡水豚类科研工作开展于 20 世纪 20 年代，但系统性研究和保护工作始于 20 世纪 70 年代。当时，白鱀豚的数量大幅锐减，估计其野外种群数量仅存 300~400 头，政府和科研人员将长江豚类保护的主要目标聚焦在白鱀豚上，对于江豚的保护重视程度还不足。并且，科学家已经意识到，仅仅依靠就地保护不足以拯救长江淡水豚类。1978 年，水生所白鱀豚研究组成立。1986 年，首届淡水豚生物学和物种保护国际学术研讨会召开，水生所研究员陈佩薰等首次提出迁地保护策略。会上，专家们就保护白鱀豚的措施形成共识，形成包括就地保护、迁地保护和人工繁殖研究三大策略，这些保护措施后来也直接运用于江豚的保护工作。会后，水生所专家对天鹅洲故道进行了考察评估，并于 1990—1993 年，分批引入共计 10 头江豚。当时，江豚在长江内的种群数量还较多，迁地保护的实验主要为白鱀豚保护做准备。1992 年，农业部（现农业农村部）批准建立湖北天鹅洲和湖北新螺段 2 个国家级白鱀豚自然保护区（图 0-5，图 0-6），以及湖北监利、湖南城陵矶、江西湖口、安徽安庆、江苏镇江 5 个白鱀豚保护站。1989 年，白鱀豚被列为国家一级保护野生动物，江豚被列为国家二级保护野生动物。

▲ 图 0-5　湖北长江天鹅洲白豚国家级自然保护区

▲ 图 0-6　在天鹅洲保护区内生活的江豚母子

从白鱀豚到江豚

改革开放后，随着长江大开发，各种人类活动包括渔业、航运和水利工程建设等对长江豚类生存造成极大的威胁，江豚数量也呈现快速下降趋势。鉴于白鱀豚多年难被发现，江豚呈现明显减少的趋势，长江豚类的主要保护目标从白鱀豚过渡到江豚，江豚的保护工作正式拉开序幕。同时，国内社会组织也开始发展，国际组织开始关注并参与长江豚类保护。2001 年 3 月，由农业部长江渔业资源管理委员会承办的"中国鲸豚保护研讨会"在上海召开，通过了《中国长江豚类保护行动计划》。

2006 年，由中国、美国、英国等 7 个国家的科学家和保护人员组成的国际考察队首次完成了大规模的长江淡水豚类考察活动。本次考察未发现一头白鱀豚，江豚种群数量也下降至 1800 头左右。2005 年，WWF 通过设立水生生物保护小额基金，支持长江中下游的相关保护区开展监测、培训、研究等工作。

2007 年 12 月 21 日，WWF、湖北省水产局、安徽省渔政渔港监督管理局、水生所和中国水产科学院长江水产研究所（以下简称长江所）共同启动了"长江水生生物保护与可持续利用示范项目"。该项目为 WWF"汇丰与气候伙伴同行"计划中国项目的一部分。该项目于 2008—2011 年的 4 年里在多个方面展开工作，

包括在湖北、安徽选择合适地点，开展基于生态系统完整性保护的长江豚类保护示范工作，并在示范工作的基础上共同推动建立长江豚类保护网络，以提高对长江豚类的有效保护。

2008 年，为了能建立统一的长江豚类动态信息平台、制定整个长江流域范围内的豚类保护政策以及编写豚类保护监测和救护手册等措施，农业部水生野生动植物保护办公室牵头成立长江淡水豚保护网络，并获得了水生所、WWF 以及各级渔政管理部门提供的科研及资金支持。

科考之后，从保护到保种

2012 年，由农业部批准和领导，水生所负责策划，并会同 WWF 和武汉白鱀豚保护基金会组织并实施了第二次长江豚类考察。此次考察结果表明，江豚野外种群数量正在加速下降。水生所研究员王丁提出，基于江豚种群数量及下降速率分析，留给科研人员和保护人员的时间可能不足 10 年，并呼吁江豚保护已经从"保护"进入"保种"的危急时刻。2012 年科学考察的重要发现，也为后续的江豚保护政策制定提供了重要基础。研究人员发现，长江干流中几乎没有江豚的食物，且人类活动强度相对较高，干流的江豚数量从 2006 年的约 1250 头，下降到 2012 年的约 500 头，且主要集中在没有通航的夹江和汊道中。相比干流，鄱阳湖的江豚种群数量相对稳定。说明长江干流生态环境破坏已严重影响江豚的生存。除了种群数量的下降，天然水域的江豚死亡事件也频发，死亡数量持续上升。同年，农业部召开全国长江豚类保护工作会，与会专家一致认为长江干流生态环境难以短时间内得到根本改善，应加快推动自然迁地保护工作，扩大自然迁地保护规模，尽可能多地建立"自然迁地保种"种群，以延续江豚的自然繁衍。

2013 年，世界自然保护联盟（IUCN）将江豚濒危等级升至极危，受胁程度仅次于野外灭绝。2014 年，农业部成立长江流域渔政监督管理办公室（以下简称长江办），李彦亮任主任。当年 10 月农业部下发《关于进一步加强长江江豚保护管理工作的通知》，江豚按照国家一级保护野生动物的要求保护，实施最严格的保护和管理措施。2015 年，农业部启动江豚迁地保护工程，两年内先后建立何王庙 / 集成、安庆西江江豚迁地保护种群。

全面系统开展保护

2016 年，农业部发布《长江江豚拯救行动计划（2016—2025 年）》，要求坚持就地保护为主，强化迁地保护，加快人工繁育技术等科研攻关，集全社会力量加快推进实施江豚拯救行动。2017 年，中央以"共抓大保护、不搞大开发"为导向，推动长江经济带发展的决策部署，先后出台实施了《长江经济带发展规划纲要》，明确了长江经济带生态优先、绿色发展的总体战略。

2017 年 11~12 月，第三次长江全流域江豚生态科学考察开展。这次考察由长江办领导，全国水生野生动物保护分会管理，水生所具体组织实施。国内主要豚类研究机构、长江中下游各豚类自然保护区管理部门、渔政管理部门、相关公益环保组织和志愿者也都参与了本次考察。本次考察结果显示：江豚种群数量约 1012 头，其中，长江干流 445 头（2012 年约 500 头），与 2012 年相比略有减少但无显著性变化；洞庭湖 110 头（2012 年 90 头），相较 2012 年略有增长；鄱阳湖 457 头（2012 年 450 头），维持相对稳定。从江豚的分布来看，整体分布模式保持不变，干流种群向更好的栖息地集中。但整体来看，江豚自然种群数量仍在下降，其极度濒危的状况没有改变，保护工作依然严峻。考察中的环境调查发现，江豚主要的栖息地水环境质量尚可，不会影响种群的长期生存。干流中，江豚喜好的自然坡岸和沿岸坡度平缓的水域正遭受破坏。非法渔业活动和繁忙的航运对江豚造成较大生存压力。

科学考察结束后，2018 年 9 月《国务院办公厅关于加强长江水生生物保护工作的意见》发布，提出"实施以中华鲟、长江鲟、长江江豚为代表的珍稀濒危水生生物抢救性保护行动"。

多部法律共护江豚

始于 2002 年的长江春季禁渔已无法阻止水生生物资源下降的趋势。2015 年，长江流域渔民转产转业工作率先在赤水河试点。赤水河是长江重要一级支流，是长江上游水生生物多样性保存较好的河流，属长江上游珍稀特有鱼类国家级自然保护区，渔业资源丰富，共分布鱼类 108 种，占长江鱼类数量的近 1/3。同时，赤水河也是全国唯一跨省级未修建梯级电站水坝、水质保护较好的原始河流。农业部与贵州、四川政府合作，于 2016 年底完成全部捕捞渔民转产转业工作。2016 年底，农业部发布《关于赤水河流域全面禁渔的通告》，赤水河自2017 年 1 月 1 日起，实施为期 10 年禁渔。可以说，赤水河的探索，为长江流域全面开展"退捕上岸"和推进渔民转产转业创造了有益经验。

2017 年，中央 1 号文件提出率先在长江流域水生生物保护区实现全面禁捕的要求。随后农业部发布《关于公布率先全面禁捕长江流域水生生物保护区名录的通告》，为后来长江十年禁渔第一阶段工作做准备。

2019 年，农业农村部、财政部、人力资源和社会保障部三部委联合发布《长江流域重点水域禁捕和建立补偿制度实施方案》，规定从 2021 年 1 月 1 日起，长江流域重点水域开始为期 10 年的常年禁捕，在此期间禁止天然渔业资源的生产性捕捞。之所以选择 10 年，是为大多数淡水鱼争取到 2~3 代的繁殖机会，使长江淡水鱼的数量能得以显著恢复，是对长江生态系统保护非常有意义的举措。

2020 年 12 月 26 日，十三届全国人民代表大会常务委员会第二十四次会议表决通过了《中华人民共和国长江保护法》（以下简称《长江法》），并于 2021 年 3 月 1 日起正式实施，该法案强化了生态系统修复和环境治理，加强了规划、政策的统筹协调，将有效推进长江上中下游、江河湖库、左右岸、干支流协同治理。作为中国首部流域法，《长江法》有望打破长期以来"九龙治水"的困境，也意味着江豚保护拥有了从物种到家园式的全流域、系统性的法律保障。

2021 年，在农业农村部、科研单位和社会各界人士的积极推动下，在新修订的《国家重点保护野生动物名录》中，江豚终于被正式升为国家一级保护野生动物。动物保护等级越高，代表政府对其重视程度就越高，投入保护的经费和相应的保护措施都将随之升级，也意味着对于有江豚分布区域生态环境的管理将更加严格，有利于发挥江豚的伞护种作用。

经过多年的努力，江豚的保护工作已经全面展开，取得了一定的进展。在淡水豚保护地建设方面，截至 2022 年，自 1990 年以来先后建立了 8 处豚类原生地自然保护区，基本覆盖了江豚种群密度较高的水域，但干流各保护区约仅覆盖了长江中下游干流总长度的 1/3，而且各保护江段不连续。

迁地保护获成功

在实施长江淡水豚就地保护的同时，政府、科研单位和保护区也积极推进迁地保护工作。自建立天鹅洲故道长江江豚迁地保护示范以来，已在长江建立了 3 处自然迁地保护种群（包括天鹅洲、何王庙／集成和西江）和 1 处半自然

▲ 图 0-7　武汉白鱀豚馆内的江豚

迁地保护种群（铜陵夹江）。目前，迁地群体总量约 150 头，年均出生幼豚数量超过 10 头，基本实现江豚保种保护目标。

其中，由水生所与天鹅洲保护区在天鹅洲故道开展的迁地保护研究和示范工作取得了极大的成功。其种群实现了自我繁育，规模已增长到约 100 头。这也是目前各迁地保护区中唯一保持稳定增长的种群。这一探索在全球范围内处于绝对领先优势，被国内外专家誉为世界鲸豚类迁地保护唯一成功范例，是典型的中国生态保护之优秀故事，应加强与国际社会的交流，向全球分享这一成功案例，为全球范围内受威胁形势严峻的其他小型鲸豚类的保护提供实践经验。

江豚就地保护和迁地保护工作的开展极大地促进了科研活动的进程，反过来，科研工作的开展也科学指导着江豚就地、迁地和人工繁育工作的进行。40多年来，水生所、长江所、中国水产科学研究院淡水渔业研究中心、南京师范大学、安庆师范大学等科研机构，围绕江豚开展了系统的保护研究，内容涉及江豚的种群评估、生态习性、生理生化、水声学、行为学、遗传分子生物学等方面。

社会化参与保护

2010 年以后，江豚的生存状况在相关机构和媒体的呼吁下，受到社会各界越来越广泛的关注。自此，江豚保护社会化参与也进入发展阶段，并助推江豚保护工作。

▲ 图 0-8 为参与江豚巡护员竞技赛的社会志愿者颁奖

2017 年，在长江办的支持下，由全国水生野生动物保护分会发起成立"长江江豚拯救联盟"（以下简称"江豚联盟"）。江豚联盟以农业部"长江江豚拯救行动计划（2016—2025 年）"为行动纲领，构建信息共享、交流、社会化参与协作、开展联合保护行动的平台，以维护江豚种群数量的相对稳定、修复长江水生态环境。江豚联盟被视为社会化参与拯救江豚的一个里程碑。截至 2022 年，已有近 200 多家江豚拯救联盟成员单位参与保护行动，包括政府、保护区、科研院所、社会组织、企业、媒体等不同行业成员，其中有 60 多个民间组织活跃在沿江、两湖一带，积极投身江豚保护行动。

江豚联盟自成立以来，在资金支持、人员赋能、宣传教育等方面开展了大量卓有成效的工作。数据显示，仅通过社会组织联合企业投入江豚保护的资金已超过 1 亿元人民币。为了推进公众和民间社会团体参与拯救行动，江豚联盟启动了"协助巡护"项目，由社会组织、专业渔民及其他组织和单位共同参与，组织社会力量特别是转产转业渔民开展护豚护渔活动，充分发挥社会组织在政府为主导的江豚保护管理体系中的积极作用。

WWF 是最早关注长江豚类保护的国际环境保护组织。鲸豚类动物（包括鲸类、海豚和鼠海豚）是 WWF 全球优先保护的十大类群生物。江豚是生活在淡水生态系统的鲸豚类动物。近 20 年来，WWF 积极加强与政府、科研院所、社会组织和企业等的合作，推进以"生命长江"为理念、江豚保护为代表的长江生态系统保护，在保护理念引入、保护方法方式创新、保护行动落地实践等方面有一些值得总结和推广的经验。

在推动公众参与方面，WWF 通过与高校、明星、媒体、社会组织、企业等合作模式的探索，组织了"湿地使者行动""守望江豚""留住江豚的微笑""寻豚记""邂逅 72 小时""为江豚来奔跑""世界巡护员日""国际淡水豚日""江豚保护日"等公众宣传活动，影响超 1 亿公众关注和参与，使得江豚及其现状逐步被公众所认识了解，社会关注与参与意识明显提升，公众参与通道逐步被打开，并实现快速发展。

深圳市一个地球自然基金会（以下简称一个地球）是 WWF 在中国的战略合作伙伴，2017 年，也响应加入江豚保护的行列，是"长江江豚拯救联盟"的首批成员单位。

5 年来，一个地球围绕智慧巡护、江豚天然食堂建设和社会参与机制建设探索等行动支持江豚保护一路向前。在 WWF 和一个地球的推动下，国内外优秀企业、基金会也纷纷积极投身参与。

上汽通用汽车雪佛兰品牌、WWF 和一个地球携手启动江豚守护计划。雪佛兰品牌通过支持《留住江豚的微笑：长江江豚环境教育课程》的出版和推广，与天鹅洲保护区共建江豚科普馆、组织车主江豚巡护体验之旅等举措，推动江豚的物种保护与科普宣传工作，并借此提升公众对环境保护与生物多样性问题的关注度。

▲ 图 0-9 在天鹅洲保护区的江豚科普馆内，工作人员正面向公众开展宣教

今天，威胁长江水生态环境的人类活动尚未得到根本性改变，江豚保护工作任重道远。当前，如何推进和落地保护政策、如何加强针对性保护研究和保护应用转化、如何提升行动力、如何提升保护地管理效果、如何引导社会各界有效参与等问题的思考成为新形势下持续推进江豚保护的优先工作。

目前，公众对于长江水生野生动物保护的重要性、紧迫性的认识还非常不足。本课程的编写，希望能够发挥环境教育推动公众参与保护工作的重要作用，以教育的多元形式，传授江豚保护的科学理念、方法技术和实践经验，激发公众尤其是青少年支持和参与江豚的保护工作。

未来，WWF 和一个地球还将继续携手，一如既往地支持、参与以江豚为伞护种的长江大保护中，为新形势下的江豚保护积极探索，寻求解决办法，也将积极开展保护实践，并推广相关经验，为"留住江豚的微笑"继续与国内江豚保护、管理和研究的相关机构伙伴同行。

使用说明

本套课程以江豚为主题，基于 WWF 和一个地球 20 多年以来围绕江豚开展的政策倡导、科学保护和公众宣传等工作，同时结合 WWF 全球淡水豚保护经验，联合国内优秀的环境教育者共同运用 WWF 环境教育课程设计理论编写而成。课程框架围绕：微笑天使、把脉家园、明日社区三大主题进行设计，运用多元创新的教学方式，旨在培育学习者对江豚的喜爱之情，建立学习者对该物种的全面完整的科普认知，唤起学习者对其野外生存现状的关注和守护热忱（图 0-10）。同时，笔者也希望学习者能通过江豚一窥长江所面临的生态系统危机，反思内在原因，并愿意共同身体力行，参与和支持江豚和长江大保护的工作。

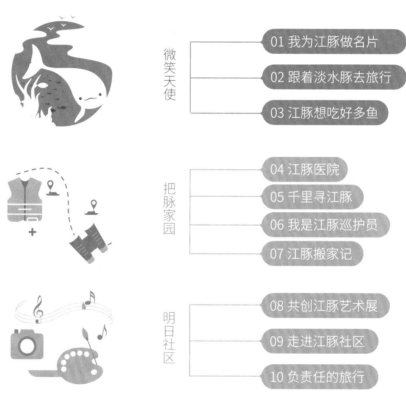

微笑天使
- 01 我为江豚做名片
- 02 跟着淡水豚去旅行
- 03 江豚想吃好多鱼

把脉家园
- 04 江豚医院
- 05 千里寻江豚
- 06 我是江豚巡护员
- 07 江豚搬家记

明日社区
- 08 共创江豚艺术展
- 09 走进江豚社区
- 10 负责任的旅行

▲ 图 0-10 本课程框架图

1. 使用对象

这是一本既能服务于学校教师和环境教育工作者，又兼顾家长和江豚保护及宣教群体需求，以江豚为主题的环境教育课程方案集。使用者可以遵循本书中的方案开展全套系统的江豚主题教育活动；也可以根据具体教育目标和受众群体的特点有选择的灵活定制教育方案，更可以遵循本书中课程的编写原则和方法，设计具有自身特色的环境教育课程方案。

为了使这套课程能满足学校的教育需求，笔者在课程开发时不仅依循中国教育部颁发的《义务教育课程方案和课程标准（2022 年版）》进行设计，同时也与教育部正在推进的"围绕核心素养的教育改革"以及综合实践课等内容进行了结合。除了学校，为了让本书也能服务于自然保护地等野外环境的保护宣教活动，或者在社区、环境教育基地等开展的教育工作，我们在课程时长和场所以及课程对象的延展上提供了灵活选择，确保方案的个性化设计和运用成为可能。

2. 教学对象

本书的主要教学对象涵盖了从小学到高中的各个学段的学生。每一课的内容均针对具体学段的对象进行设计。使用者可以在每节课首页的"授课对象"板块进行查询。

此外，环境教育作为一种终身教育，学习者并不限于某个学段的学生，而是可以扩展到更广泛的受众群体，比如，亲子和成人群体。对于这部分群体，建议教师不必受限于教案内容和框架，可以基于受众的具体认知和兴趣基础对课程方案进行调整。笔者也在部分课程的教学方案中提供了调整和扩展建议，教师可参考并应用到实际教学当中。

3. 教育目标

①通过情境体验和感知，建立对江豚形态习性和生存现状的感性认知。

②依循教育引导和思考，理解江豚保护方法及其所面临的挑战和威胁的相关知识。

③基于课程讲授和分享，形成江豚保护价值观和支持保护的主观能动性。

④借助活动体验和实践，掌握分析、设计和参与江豚保护相关问题的方法技能。

⑤总结课程内涵和外延，思考并践行直接或间接参与长江保护的具体行动方案。

4. 章节内容简介

本书主要包括 4 个部分。第一部分为导读，旨在帮助教育者了解江豚的基本生物学信息，江豚保护的历程，以及保护江豚的意义，从长江大保护的角度理解本书的策划初衷。

第二部分是课程开发的理论依据：WWF 环境教育核心理论与方法。本书的 10 节课程均基于此进行开发。通过阅读本章节内容，可以帮助教师理解教育的教学目标、课程开发的重要原则、课程模块的框架组成和内在逻辑等。

第三部分是课程内容，也就是提供给教师开展教学活动的详细教案。每个模块课程中涵盖了教学目标、授课对象、知识准备、具体教学步骤以及教学材料清单等教学所需的基本信息，教师可先快速阅读以建立对这个课程模块内容的基本了解。考虑到在实际教学中会涉及较多的专业知识，笔者已将大部分知识点进行整理，并提供在"知识准备"部分，供教师参考，教师再结合具体课程内容自行查找资料进行备课。当教师在实践中逐步深入理解 WWF 环境教育核心理论和方法后，也可以使用课程模板，开发设计其他主题的环境教育教学方案。

第四部分是本套课程开发过程中使用的外部参考资料，包括主要参考文献清单、《中小学环境教育实施指南（试行）》、相关学科标准文件等。这些资料可作为教师日后自行开发课程和设定教学目标时使用。最后，还附了两份课程反馈评估的问卷样例，一份针对参与教学活动的学生设计，另一份针对活动的带队老师或学生家长。反馈评估往往是教学中最容易被忽视的工作，希望这两份评估问卷，可以为教师提供借鉴，在课程结束后邀请参与者填写，了解课程效果，获得改进建议，以支持后续的教学工作。

5. 配套教具

为了支持教师开展教学实践活动，每个课程方案中都配有一份学生任务单，或者供教师开展实践环节所需的资料。教师可直接复印后使用。

此外，笔者还对部分适合反复使用的教具进行了绘制与设计，作为本书的配套教具单独提供。为了提升教具的重复使用率，建议教师先对其进行塑封，塑封时请注意处理边角，以免在使用时误伤学生。这些教具包括以下卡片。

01 我为江豚做名片：江豚拼图 5 张。

02 跟着淡水豚去旅行：淡水豚物种卡 7 张、淡水豚简介卡 7 张、淡水豚分布地图 4 张、流域信息卡 4 张。

03 江豚想吃好多鱼：事件卡 4 张。

04 江豚医院：情境卡 4 张。

06 我是江豚巡护员：江豚巡护训练情境卡 6 张、巡护工具卡 14 张。

09 走进江豚社区：案例卡 4 张。

10 负责任的旅行：情境卡 4 张。

6. 实践意义

根据教育心理学中对不同年龄人群集中注意力的时间、关注领域、教育技巧和一般教学实践模式的分析，笔者在不同课程方案的教学方法、教学时间等课程实践设计上也提供了有针对性和灵活性的设计。

笔者在教学方法上强调因人而异、因材施教。对于小学阶段的学生，应注重对他们环境意识的培育和环境态度的塑造，激发学生对自然的情感和自我探索学习的兴趣。进入初中阶段，学生开始构建自己对世界的理解，对知识有了更多的渴求，此时应强化他们的环境知识和对环境技能与方法的理解和掌握，并通过项目式学习实现实践中学习的目的。到了高中阶段，学生已经具备独立思维和自我意识，这个阶段的学生也正在进行未来的人生规划，此时的环境教育内容可以更多地呈现真实、复杂的现实世界，鼓励学生自己去发现、理解并寻求环境问题的解决方案，在此过程中可培养青少年的环境素养、社会责任感和使命感。

为了在教学时间上兼顾校内和校外教育的灵活性，笔者对每一个模块的活动时长做了精简版和完整版两种建议，分别针对校内课堂教学与校外教学。教师可以根据课时、场地等条件，进行选择和调整。学校教师也可以分 2~3 个课时完成完整版教学内容。

江豚是一种地域属性较强的物种。对于生活在长江中下游地区的教师，建议可以在备课过程中基于现有的课程知识背景和教育方案，结合自己所在地区的特点进行补充、调整或修改，并且尽可能组织安排户外部分教学实践活动。

环境教育的内容往往需要长时间的渗透，才能最终催生个人行动的改变。如果有条件，笔者鼓励教师将本书中的内容作为系列课程进行授课。如果无法全部完成 10 节课程，教师也可以参考模块化设计方法，在 3 个主题中挑选若干模块组成一套主题课程进行授课。教师还可以立足于所在地区的生态议题，以本书的课程模块作为模板，运用项目式学习方法，围绕一个项目开展江豚保护的探究教学。

最后，希望这本书可以帮助教育者更清晰地理解环境教育目标，更系统地实施环境教育策略方法，感受环境教育在形式和内容上的多面性和各种跨界可能，帮助教育者进一步开启自己的事业，并丰富自己的职业维度。

WWF 环境教育核心理论与方法

WWF 与环境教育

环境教育的缘起可追溯至 18~19 世纪。第二次世界大战后，工业革命加速社会经济发展，科技推陈出新，世界人口爆发式增长，与此同时，环境污染和公害事件在发达国家内引发了广泛的社会讨论。1970 年，美国率先成立国家层面的政府职能部门美国国家环保局（EPA），并将 4 月 22 日设为世界地球日。1972 年，瑞典斯德哥尔摩联合国人类环境会议通过了具有里程碑意义的《人类环境宣言》，讨论了全球范围的环境保护计划，并确立 6 月 5 日为世界环境日。

为响应《人类环境宣言》的建议，联合国于 1975 年颁布了国际环境教育计划（IEEP），其目的是在环境教育领域内，促进经验与信息交流、研究与实践、人员培养、课程和相应教材的开发及国际合作。此后，联合国又在 1975 年和 1977 年分别召开环境教育研讨会和政府间环境教育会议，发表了《贝尔格莱德宪章》与《第比利斯宣言》——全面阐述了环境教育的目的、任务、对象、内容，以及教材、教具、教学原则和教学方法、国际合作和地区合作等环境教育项目的开展原则，为全球范围环境教育的发展和实践奠定了理论基础。

WWF 成立于 20 世纪 60 年代，恰逢全球范围开始反思快速发展带来的环境问题对人类健康和发展的隐患，WWF 也在思考如何引导世人去思考人与自然的关系，并有所参与和行动。1980 年，世界自然保护联盟（IUCN）、联合国环境规划署（UNEP）和 WWF 联合发布了《世界自然资源保护大纲》《World Conservation Strategy》，其中"可持续发展"概念被首次提出；同时，也正式提出了教育是支持自然保护可持续发展的有利手段的观点。此后，WWF 还发挥作为自然保护机构的专业优势和国际组织的网络优势，在环境教育理论方面开展了大量研究和实践工作。其经典环境教育教材《原野之窗》《Windows on the Wild》被翻译成十几种语言，为全球范围的环境教育者提供了理论工具和方法指引。2020 年，《原野之窗》也经 WWF 和一个地球引进中国后出版。除了翻译原著之外，中文版的《原野之窗》还补充了大量的中国本土案例，采用最新的数据和发现，使读者在学习这部经典著作的同时，能与本土和当下的实际情况结合，更深入理解其教学目的。

1992 年，在巴西里约热内卢的联合国环境与发展大会上正式发布了《21 世纪议程》《气候变化框架公约》等纲领性文件。可持续发展也正式作为一种战略被提出。大会还提出环境教育应定向实施，以适应可持续发展的要求。2002 年，南非的约翰内斯堡峰会上通过了由联合国教科文组织（UNESCO）牵头实施的《联合国国际可持续发展教育实施计划（2005—2014 年）》。该项目于 2014 年 12 月在日本名古屋召开的世界可持续发展教育大会上宣布完成。WWF 作为唯一的国际非政府组织代表在此次总结大会上发言。可持续发展教育 10 年计划将可持续发展教育以多种形式开展传播，融入正规教育、非正规教育和非正式教育中，推动了教育创新。2015 年，联合国环境规划署（UNEP）启动了新一轮《全球可持续发展教育行动计划》。瑞典政府、日本环境省、WWF 作为三家联合主办方，启动了《可持续生活方式与教育项目（2015—2024）》。

在中国，WWF 自 1996 年设立北京代表处，并启动环境教育项目以来，开展《中国中小学绿色教育行动（1997—2006 年）》、可持续社区等多项工作。在 WWF 的推动下，北京师范大学、华东师范大学等全国共 21 所高校成立了可持续发展教育 / 环境教育中心（研究所）。教育部编制并于 2003 年发布了中国第一部国家级环境教育指导性文件——《中小学环境教育实施指南（试行）》，对中国中小学环境教育的性质、任务、目标、内容和评估等工作做了系统的指导，全国 497000 所中小学校因此受益。

近年来，为了更好地应对和解决全球环境问题，WWF 不断调整保护战略，从最初的物种及栖息地保护扩展到气候变化与能源、生态足迹等领域。而环境教育项目的策略也更多地聚焦于如何与自然保护项目的结合，通过教育来推动保护目标的实现。

WWF 深信，每个人心中都保有一颗爱自然的绿色种子。环境教育可以为种子的萌发与成长创造条件并提供养分，激发每个人的力量，助力解决环境问题。

秉持着这样的信念，WWF 携手学界、政界、保护地、非政府组织、媒体和企业等各界伙伴，从引入国际理念和案例开始，结合中国的自然保护实践经验，逐步研发和推广符合中国国情的环境教育理论和方法体系，搭建平台推动行业的健康可持续发展，为教育者提供学习与实践的专业支持，为社会公众提供认知学习和参与行动的机会，推动中国自然保护事业的多元社会参与（图 1-1）。

▲　图 1-1　环境教育项目出版的书籍和发布的报告

课程编写原则和方法

环境教育是一门跨领域兼具时代感的学科，在内容上不但涉及生态、经济、社会、科技、艺术等诸多领域，同时作为重要的推动解决环境问题的手段，也需要回应当下社会发展和环境保护的需求。更具挑战的是，环境教育不仅仅是知识的传授，更是对学习者的环境素养的培育、价值观的塑就和行为改变的引领。因此，单一教育活动的设计也许并不艰深，具挑战性的是如何通过一整套课程的设计体现焦点明晰、收放自如的教育主题，因人而异、循序渐进的教学逻辑，教学互动、创新融合的教育方法。本书希望通过实际案例为读者介绍并阐释 WWF 中国环境教育项目多年来总结的课程方案编写原则和方法。

1. 课程方案编写的十项原则

对于一整套主题化的环境教育课程来说，单一课程教学模块可以有不同的侧重点、教学方法和形式内容，但在完成总体方案时，教育者应针对以下 10 条原则进行校验，以确认此套课程是否能基本满足。

①清晰、准确且贯穿始终的环境教育目标。

②基于科学、专业、严谨的背景知识体系。

③能激发兴趣、促进有效学习的教育方法。

④兼顾结构逻辑和内容丰富度的系统框架。

⑤针对受众多样性，可供选择定制的内容。

⑥能适用不同时间和教学场所的灵活方案。

⑦提供配合开展教学活动所需的课件及工具。

⑧立足本土，着眼于当地问题的认知和解决。

⑨放眼全球，致力培育社会共识和行动力量。

⑩支持和服务课程应用推广的行政协调系统。

2. 模块化设计方法

对于环境教育的教育者而言，如何针对不同目标人群、不同时间地点设计出有针对性的课程方案一直是一种挑战。为了应对这种挑战，WWF 中国环境教育项目总结形成了模块化的课程设计方法，通过对模块使用情境的分析和界定，为教育者灵活定制有针对性的课程方案提供可能。

具体而言，每一套课程方案都采用"课程主题—单元主题—课程模块"的三级结构（图 1-2）。模块设计中除了包括教育目标、知识点、分步骤的授课过程等内容外，还特别明确了每个模块适宜的目标群体、授课季节、地点、课程时长等操作性要素（表 1-1）。教育者可以根据具体的学习者类型和需求，选择合适的模块自由组合成灵活的定制化教学方案，以满足不同授课对象在不同时空环境下开展教学活动的需求。

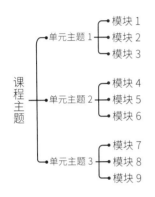

▲ 图 1-2 模块化设计示意图

▼ 表 1-1 课程模块表

单元主题	模块名称	适宜季节	活动时长（分钟）	主要目标人群	扩展目标人群①					
					1	2	3	4	5	6
微笑天使	01 我为江豚做名片	春、夏、秋、冬	45~90	小学生		●				●
	02 跟着淡水豚去旅行	春、夏、秋、冬	45~90	初中生	●		●			
	03 江豚想吃好多鱼	春、夏、秋、冬	45~90	小学生		●				●
把脉家园	04 江豚医院	春、夏、秋、冬	45~120	初中生			●	●	●	
	05 千里寻江豚	春、夏、秋、冬	45~90	初中生	●		●			
	06 我是江豚巡护员	春、夏、秋、冬	60~120	高中生		●		●	●	
	07 江豚搬家记	春、夏、秋、冬	45~90	高中生		●		●	●	
明日社区	08 共创江豚艺术展	春、夏、秋、冬	120~240	高中生		●		●		●
	09 走近江豚社区	春、夏、秋、冬	60~120	初中生	●		●	●	●	
	10 负责任的旅行	春、夏、秋、冬	60~180	初中生			●	●	●	

①人群划分：1. 小学生　2. 初中生　3. 高中生　4. 大学生　5. 成人　6. 亲子家庭。

3. 课程模块设计的"七步走"方法

在目前常见的环境教育活动中，重讲授和实践，轻总结、分享和讨论，教育目标模糊，活动间缺乏系统性等问题非常多见。教育的核心目标不只是传授知识，更是改变观念和撬动行动，对于物种保护而言，从教育导向保护的诉求尤其清晰。教育心理学的研究告诉我们，若要实现有效的教学目标，重要的是通过激发学习者的思考和自主行动，而不仅仅是参与互动体验环节。WWF 中国环境教育项目总结并提炼了课程方案中模块设计的"七步走"方法，包括"引入—构建—实践—分享—总结—评估—拓展"7 个步骤，旨在提供循序渐进、兼顾互动参与和自主思考的教学方法，确保教育目标的贯彻和实现。其中，前五步是针对学习者的教学流程，后两步是建议教育者在课程中或课程后自主实践的内容。具体的设计方法如下。

1. 引入

作为一场教育活动的开始，引入的目的在于建立教育者和学习者之间的关系，启动教育活动的氛围和情绪。教育者应将课程主题与学习者的生活、经历、知识背景等建立联系，同时激发学习者的参与热情，明确规则、聚焦注意力。引入的内容需要与课程主题相关，但不必进行系统的知识介绍。对于该环节的设计，建议多采用热身游戏、问答等互动方式开展教学，通常时间不宜太长，建议在 5~10 分钟。

2. 构建

在引出课程主题后，教育者需要在构建环节介绍课程设计的基础知识点和技术方法框架。介绍时可多借助图片、影像、实物等素材，并通过提问的方式层层引导学习者理解内容。构建环节应尽可能完整地介绍整个课程的核心知识体系，但不需要做过多的展开和讨论。构建环节的时间根据课程是偏知识性还是实践性灵活调整，通常建议在 10~30 分钟。

3. 实践

为了帮助学习者理解和消化课程的核心知识，教育者需要设计一项可供学习者参与的实践任务，要求学习者利用在构建环节获得的知识和方法进行实际运用并进一步理解知识的内涵和细节。实践环节旨在帮助学习者将知识做进一步理解与内化，激发自我思考和深度挖掘，建立知识和现实环境问题的联系，并获得或了解实践经验及解决问题的技能方法。建议安排学习者以小组为单位开展活动，鼓励学习者在团队合作中互相合作及学习，教育者则扮演引导者的角色。实践环节的时间由教育者视任务量而定。

4. 分享

　　分享环节是由学习者分享实践环节的过程、结果以及通过实践对构建环节所介绍的知识的深化理解、反思或质疑。分享环节中教育者扮演陪伴和引导的角色，对学习者的分享应进行点评和建议。有经验的教育者往往会抓住在分享环节中暴露出来的"教学机会"，帮助学习者强化对核心知识点的进一步理解和内化，提升方法和技术的运用能力。同时，还可将课程基础知识点进行扩展延伸，与现实复杂的环境问题及个人生活做衔接。对于学习者敢于运用知识、收集问题、援引多元观点甚至批判性思考的态度要给予鼓励。为突出重点，分享环节的时间不宜过长，但也要确保对教育目标的充分讨论，通常建议在 15~30 分钟。

6. 评估

　　评估工作是教学活动中另一项重要的工作，是教育者获得反馈及寻找教学改善和调整空间的渠道。但专业、系统的评估工作量巨大，需要有充分的时间和人力配合。因此，对于单一模块教学活动，可通过教学过程的设计获得学习者对课程方案的反馈，教育者定期总结相关反馈，以丰富教育者的教学经验和技巧，提升教育成效。对于一整套课程或一个教育团队，必须设计阶段性针对项目的系统评估计划，并根据评估结果不断地优化和发展课程。评估环节没有具体的时间限制。

5. 总结

　　总结环节教育者重新回到主导者的立场，对整个课程进行回顾，重点强调核心知识点和课程后对学习者运用及实践的建议。其形式以引导为主，但应通过启发式提问和问答等形式与学习者进行互动，特别是要使学习者从个体出发，思考如何将课程学习的内容落实到行动，延伸课程的教育意义。总结环节时间通常建议在 5~10 分钟。

7. 拓展

　　单次的环境教育活动往往成效有限，需要通过循序渐进式的学习，来塑造学习者的环境素养。而在课程设计和实施过程中，无论是与学习者的互动交流、在实践和分享环节的互相启发和观点激荡，还是在总结和评估环节的针对性反馈，都可以成为课程优化和发展的重要参考和指导。课程延伸是对现有课程方案的拓展，既包括课程内容和工具的改进，也包括模块的改写和增补，甚至包括在课程主题上的发展。课程方案的延伸是形成学校校本课程或自然保护地在地化课程的必经过程。课程拓展环节没有具体的时间限制，可分为内容广度的拓展和深度的拓展，以及人群对象的拓展。

4. 教学策略建议

　　简单来说，教学策略是教师在教学活动过程中，为了实现教学目的所采用的一系列教学方式。它既包括了教师的教学方法层面，也包括学生的学习方法层面。研究发现，学习者采用的学习方式不同，对最后其所能记忆留存的学习内容量有着很大的影响。单纯的阅读和听讲的方式，知识的留存率远低于实践和教授他人过程中的收获。但是，这并不意味着我们应该摒弃阅读和听讲这些看似"低效"的学习方式。作为教师，我们应该思考的是如何在有限的时间和空间下，根据学习者自身的特质以及教学目标，选择合适的教学方法开展教学活动。

　　环境教育不仅仅关注环境保护相关知识的学习，还包括环境技能和态度等目标的建构。为此，WWF 环境教育项目提出了 3 个层次 9 个小项的教学策略框架（图 1-3）。按照学习者主动学习的深度，可划分为单向传授式、互动参与式和自主探索式（表 1-2）。单向传授式在传统课堂中较多见，也是构建环节常常采用的方法。这是学习者快速了解课程基本知识点的好方式，也是教师最容易把控的环节，建议教师用心构思，尽可能用有趣、生动的信息呈现方式来提升教学成效。互动参与式是贯穿整个课堂的教学方式，常用于教师启发学习者进行由浅至深的思考，是帮助学习者内化知识、训练思维、构建态度和掌握技能的好方式。在环境教育中，我们还特别鼓励教师运用体验式方法，帮助学生理解抽象的概念，

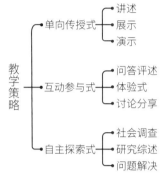

▲ 图 1-3 WWF 教学策略框架

▼ 表 1-2 本课程涉及的教学策略

模块名称	单向传授式			互动参与式			自主探索式		
	讲述	展示	演示	问答评述	体验式	讨论分享	社会调查	研究综述	问题解决
01 我为江豚做名片	●	●	●	●	●	●			
02 跟着淡水豚去旅行	●	●		●	●	●			
03 江豚想吃好多鱼	●	●	●	●	●	●	●		
04 江豚医院	●	●	●	●	●	●			●
05 千里寻江豚	●	●	●	●	●	●		●	
06 我是江豚巡护员	●	●	●	●	●	●	●		
07 江豚搬家记	●	●	●	●	●	●			
08 共创江豚艺术展	●	●	●	●	●	●			●
09 走近江豚社区				●	●	●			●
10 负责任的旅行				●	●	●			●

说明：█ ▓ ░ 表示课程内容所涉及的策略。

体验复杂的情境，掌握有效的环保技能。自主探索式则是教师激发学生兴趣，鼓励他们将课堂中所学到的概念和方法运用于实践，尝试解决身边的环境问题。需要强调的是，所有的教学策略都有优点和局限之处，教师在选择教学策略时，应综合评估每项策略，紧密围绕目标进行选择和设计，让教学策略服务于教学本身。

5. 课程评估建议

环境教育的评估一直是环境教育者和研究者热议的话题，它是教育者了解教学成效以及项目产出的重要手段。因此，评估的第一步首先需要确认预期的教学目标和项目产出，并以此为基础设计评估计划。传统的环境教育评估内容主要包括教学内容、教学方法以及行政安排等，其中，教学内容又可分为学生对课程中涉及的知识、技能的掌握情况，环境态度的改变，环境保护经验的获得以及课后环境行为的改变。而随着环境教育目标的延展，环境教育活动也在服务于学生核心素养的培养，并提供了个人实现环境与社会责任的途径。需要提醒的是，评估内容并不需要面面俱到，在内容的选取上取决于教育者的评估初衷。作为教育者应将评估的重点聚焦于课程活动，还需考虑评估对象的心理，设计合理的容量。

评估的对象主要包括参与活动的学生及教育者自己。当活动在保护地等户外环境教育场所开展时，评估对象还可以包括学校带队的教师或者亲子活动中的家长。

环境教育评估的方法多样，有些重视大量数据的获得，有些则侧重关键信息的挖掘。教育者应根据评估对象、评估环境、时间以及自身的目标综合考量，选择合适的评估方法。通常可将评估分为形成性评估和终结性评估。该方法最早由迈克尔斯克里文在 1967 年提出，于 20 世纪 80 年代在欧美国家流行，并成为一种主流的评估方式。近年来，中国教育课程改革工作也正在积极推进运用。

形成性评估是在教学前或者教学之中进行的，主要帮助教育者了解学生对课程的期待、学生的知识技能基础以及在课程进行过程中学生对课程内容掌握的情况。这些信息可以为教育者的教学活动设计、选择或调整教学策略提供参考。但形成性评估的结果并不能作为最终判断教学成效的依据。

终结性评估是指在教学活动后，通过采集、分析有关学生学习和教学表演的信息来开展的评估活动，目的是了解教育者的教学成效。根据本课程的运用场景和对象，笔者为教育者提供了几种评估方法供参考借鉴。

（1）形成性评估

目前中国的环境教育教学活动多以单次独立主题形式开展，也给教育者的评估工作带来一定挑战。因为在这样的教育活动中，没有太多时间留给教育者进行终结性评估，因此，建议教育者可以在课程活动中运用形成性评估的方法，以帮助提升教学成效。环境教育教学活动重体验参与和实践分享，也给教育者留下了多样的选择可能性与灵活性。评估方法可视教学对象、授课内容而定，可以是生

态调查活动结果报告、小组讨论出的生态规划方案，也可以是课程中以绘画方式表达教育者感受和观点的作品，甚至是教育者的竞猜提问以及测试任务。比如，对于低幼年龄段的学生，尚无法通过书写与口语表达接受评估，如果直接采用评估表的方式，可能学生对文字选项也难以理解。因此，也可在课程中安排绘画环节，教育者可根据作品中人物对象的情绪了解学生对于活动的态度，比如，微笑的脸庞往往能反映出学生在课程中获得了愉悦的感受，或者能反映出其对自然的积极态度（图1-4）。此外，教育者还可根据出现的内容要素来判断学生对于授课内容的吸收情况，比如，学生的作品内容是否涉及教育者在授课时提的元素等。

▲ 图 1-4　对低龄儿童，绘画型的实践任务，还可作为课程评估的依据

©同土/A Tu

（2）终结性评估

与形成性评估相比，终结性评估的对象范围更宽，不仅包括学生，还包括家长或者带队的教师以及主讲教师自己。终结性评估因对象的不同也常使用不同方法。

针对学生，较适合采用问卷法进行评估。问卷是在评估中常采用的一种方法，可以帮助教育者在较短的时间内收集所有学生对活动的反馈。题目类型主要由单项选择题、多项选择题、排序题、量表题和开放题等构成。问卷的长度通常建议控制在 1~2 页，具体可根据学生的年龄、教学场所等进行调整。问卷法可帮助教育者了解学生对于此活动的需求态度、学习成效以及对活动的建议等。其中，量表是获得学生的真实态度和行动意愿的有效方法。比如，"你对这次活动的满意程度"，相应的答案可以是"满意、基本满意、不确定、基本不满意、不满意"。问卷设计通常采用李克特量表，获得的数据可采用定量方式进行分析。开放题没有标准答案，它给学生创造了一个更适合自己的表达机会。通过对开放题答案进行定性分析，也可以获得相应的教育目标实现情况。出于环保考虑，教育者可将问卷制作成可擦写式的塑封问卷，在课程结束后安排 5~10 分钟让学生填写。或者在活动结束后发送电子问卷给学生填写，但这种方式会降低问卷的反馈率，教育者可以准备一些奖品来鼓励学生填写问卷。

针对家长和学校带队教师，可采用问卷法或访谈法进行评估。访谈法是一种面对面交谈的方法。访谈前应先征得受访者的同意，依照事先准备的访谈提纲进行提问，问题的设计和提问态度不能泄露访谈者的观点倾向。由于访谈法往往较为耗时，比较适合在对小样本群体进行评估时使用。无论采取何种方法，评估都应着重采集受访者对教学活动的评价、需求以及对内容和行政方面的建议。

针对教师，可采用自我评估或邀请其他教师担任观察员的观察法进行评估。自我评估法是指教育者或教学团队重新回顾教学活动的一种自我反思的方法。观察法则是邀请观察员在活动开展时进行评估的方法。为了便于得到定量数据，教育者可事先设计一份观察评估问卷，选项内容可包括：学生的积极性、参与活动时的表情、学生的能力变化、教师的表现、行政流程组织等。教师评估的重点在于对教学方法、教学成效、教学流程和行政后勤方面的检查和评估。

6. 课程方案设计标准模板说明

单元主题 1：微笑天使

01 我为江豚做名片 ——— 课程模块名称

| 授课对象 ● | ——— 课程针对的目标对象，包括：小学生、初中生、高中生大学生、成人、亲子家庭。 |

授课对象 ●
小学生

——— 课程针对的目标对象，包括：小学生、初中生、高中生大学生、成人、亲子家庭。

活动时长 ●
45 分钟（90 分钟）

——— 精简版（括号内为完整版）教学方案所需时间。

授课地点 ●
室内

——— 适宜或推荐的授课环境。

扩展人群 ●
初中生、亲子家庭

——— 课程除授课对象外可以进行扩展教学的人群。

适宜季节 ●
春夏秋冬

——— 根据气候及野外自然环境的时空变换情况，对活动适宜举办的季节所进行的推荐。

授课师生比 ●
1：1：（30～40）

——— 教育者、助教人数与学习者人数的比例建议，表述方式为主讲人数：助教人数：（学习者人数范围）。

辅助教具 ●
PPT 课件、白板、黑色水彩笔、江豚拼图、学生任务单

——— 活动所涉及的教具说明。
（1）如在室内授课，所需的电子资料（包括图片、文字、音频、视频等），建议以 PPT 形式准备。如在户外授课，请尽可能减少使用一次性课件。
（2）其他教具如水彩笔、海报纸、便利贴等，请根据实际需要进行准备。

知识点 ●

- 鱼类和鲸豚类的异同点
- 鼠海豚和江豚的关系
- 江豚的形态特征、种群分布及种群数量

——— 课程涉及的相关知识点。

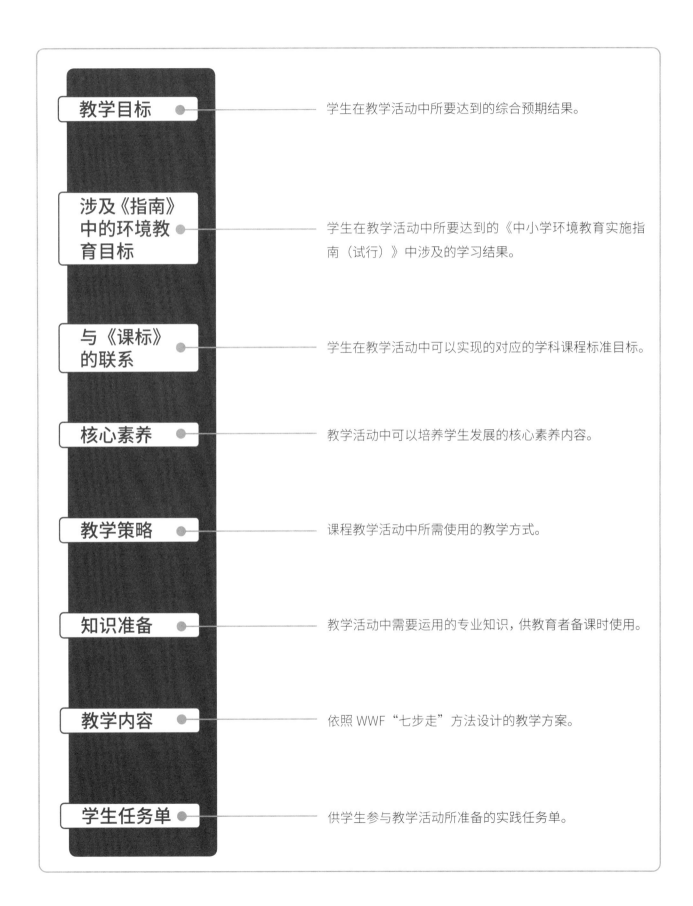

教学目标 —— 学生在教学活动中所要达到的综合预期结果。

涉及《指南》中的环境教育目标 —— 学生在教学活动中所要达到的《中小学环境教育实施指南（试行）》中涉及的学习结果。

与《课标》的联系 —— 学生在教学活动中可以实现的对应的学科课程标准目标。

核心素养 —— 教学活动中可以培养学生发展的核心素养内容。

教学策略 —— 课程教学活动中所需使用的教学方式。

知识准备 —— 教学活动中需要运用的专业知识，供教育者备课时使用。

教学内容 —— 依照 WWF "七步走" 方法设计的教学方案。

学生任务单 —— 供学生参与教学活动所准备的实践任务单。

教学实践建议

为了方便一线教师使用此套课程，笔者在课程的教学目标设计中特别关注了和正规教育标准之间的相关性梳理，具体包括以下四点。

1. 基于《中小学环境教育实施指南（试行）》的环境教育五大目标

《中小学环境教育实施指南（试行）》（以卜简称《指南》）依照中国当时的课程标准的框架进行编制，共制定了"情感、态度与价值观""知识与能力"和"过程与方法"的三维目标，72 项子目标（图 1-5）。为了便于和国际通用的环境教育理论体系对照，笔者将原有的三维目标体系对照环境教育的五大目标（图 1-5，表 1-3）进行归类、拆分和补充后梳理出 90 项子目标，具体内容参见附录一。

图 1-5 《指南》目标与环境教育五大目标的转换

▼ 表 1-3 本课程模块中涉及《指南》中的环境教育五大目标

模块名称	环境意识	环境知识	环境态度	技能方法	环境行动
01 我为江豚做名片	■	■	■	■	
02 跟着淡水豚去旅行		■	■	■	
03 江豚想吃好多鱼		■		■	
04 江豚医院		■	■	■	
05 千里寻江豚		■	■		■
06 我是江豚巡护员		■		■	■
07 江豚搬家记		■		■	■
08 共创江豚艺术展		■	■	■	■
09 走近江豚社区		■	■	■	■
10 负责任的旅行		■	■	■	■

环境意识（awareness）：借由观察、分类、排序、空间关系等感官觉知能力训练，帮助学生发展辨识及认知的能力，并在运用中进一步拓展出测量、推论、预测、分析和解释的能力；培养学生反对各种环境破坏和污染的意识，以及对自然环境和人为环境美的欣赏与感知能力。

环境知识（knowledge）：帮助学生了解生态与环境科学的基本知识，理解环境与经济、技术、社会生活、政策法律之间的相互影响和作用，了解实践可持续发展和环境保护的行动方法。

环境态度（attitudes）：培养学生正向、积极的环境态度，帮助其培养可持续发展的价值观，使其能关爱和善待他人，尊重不同的观点和意见，尊重文化的多样性，并有意愿为改善全球生态环境而做出行动。

技能方法(skills)：帮助学生发展观察与识别环境问题、调查与研究环境问题、提出解决方案或预防、提出评估建议和采取环境保护行动所需的能力。

环境行动（participation）：帮助学生获得环境意识、知识、态度和技能方法的过程，以及参与解决地区和全球环境议题工作。

2. 与《课标》（科学、生物、地理、艺术、美术、信息技术）的相关性梳理

此套课程在设计过程中特别对《义务教育小学科学课程标准（2022年版）》《义务教育生物学课程标准（2022年版）》《义务教育地理课程标准（2022年版）》《普通高中生物课程标准（2020年版）》《普通高中艺术课程标准（2020年版）》《普通高中美术课程标准（2020年版）》《普通高中信息技术课程标准（2020年版）》（本书简称《课标》）进行了整理，按小学（表1-4）、初中（表1-5）与高中（表1-6），筛选出与物种、生态环境、保护技术等环境教育相关的内容，作为本书内容的设计依据。本书中的10个课程都与在校内容做了结合，方便科学、生物等教师在备课时选用。

由于篇幅和时间所限，我们仅选用了科学、生物、地理、艺术、美术、信息技术六门科目。但这并不意味着环境教育只能与这六门科目结合。我们鼓励在本书的使用中，教师可以发挥自己的特长与专业，对课程进行本土化改版，并在此过程中融入其他学科的教学标准。

▼ 表 1-4　本课程涉及《义务教育小学科学课程标准》的相关内容

模块名称	生命系统的构成层次	生物体的稳态与调节	生物与环境的相互关系	人类活动与环境
01 我为江豚做名片	■	■		
03 江豚想吃好多鱼	■	■	■	■

说明：■ 表示课程内容设计已直接涉及该项标准。

▼ 表 1-5　本课程涉及《义务教育生物学课程标准》《义务教育地理课程标准》的相关内容

模块名称	生物的多样性	生物与环境	生物学与社会的跨学科实践	认识世界	认识中国	地理实践
02 跟着淡水豚去旅行	■	■		■		
04 江豚医院	■	■				
05 千里寻江豚		■				
09 走近江豚社区					■	■
10 负责任的旅行		■	■	■	■	

说明：■ ■ ■ 表示课程内容设计已直接涉及该项标准。

▼ 表 1-6　本课程涉及高中生物、艺术、美术和信息技术课程标准的相关内容

模块名称	生物与环境	资源、环境与国家安全	艺术与生活	艺术与科学	美术鉴赏	设计	现代媒体艺术
06 我是江豚巡护员	■	■					
07 江豚搬家记	■	■					
08 共创江豚艺术展			■	■	■	■	■

说明：■ ■ 表示课程内容设计已直接涉及该项标准。

3. 与"核心素养"的相关性梳理

在这个被互联网科技迅速改变的时代，全球教育者都在协力反思和调整新时代下的人才培养目标。时代需要怎样的人才？个人需要具备哪些能力才能在这样的时代下获得发展和幸福？面对这样的挑战，许多国家、地区和国际组织都开始接受"以学习者为中心"的培养理念，着重将教学重点放在学生及其成长上，并进一步提出了"核心素养"的培养指标。"核心素养"通常指学习者应具备的适应个人终身发展和社会发展需要的必备品格和关键能力。目前，以"核心素养"为课程设计的主轴已成为国际教育界的共识。

2013 年 5 月，中国教育部基础教育二司委托北京师范大学等 5 所师范类高校对"核心素养"的总体框架进行了研究。2014 年 3 月，在《教育部关于全面深化课程改革　落实立德树人根本任务的意见》文件中，首次谈及"核心素养"——这意味着"核心素养"在深化课程改革、落实立德树人目标的过程中基础地位的确立。2016 年 9 月 13 日，为期 3 年的"中国学生发展核心素养"研究成果在北京师范大学发布。该成果明确了中国学生发展核心素养的制定原则，以培养"全面发展的人"为核心，共分为文化基础、自主发展、社会参与 3 个方面。综合表现为人文底蕴、科学精神、学会学习、健康生活、责任担当、实践创新六大素养，具体细化为国家认同等 18 个基本要点（图 1-6，表 1-7）。2018 年 1 月 17 日，教育部印发了《普通高中课程方案和课程标准》（2017 年版），新修订的该标准强调对学生的学科"核心素养"的培养。

从上述这些进展中，我们不难发现，对学生的"核心素养"培育正成为中国教育改革的重要方向。因此，本课程在开发中也参考了上述研究成果和相关标准文件，对课程模块的教学目标和"核心素养"的相关性进行了探索性的梳理，并给出引导性建议。

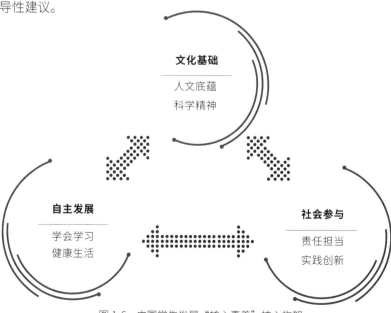

图 1-6　中国学生发展"核心素养"核心构架

▼ 表 1-7 本课程涉及的中国学生发展"核心素养"

模块名称	人文底蕴			科学精神			学会学习		
	人文积淀	人文情怀	审美情趣	理性思维	批判质疑	勇于探究	乐学善学	勤于反思	信息意识
01 我为江豚做名片			●	●		●	●		●
02 跟着淡水豚去旅行				●		●	●		●
03 江豚想吃好多鱼				●	●	●	●		
04 江豚医院				●	●			●	
05 千里寻江豚				●		●	●		
06 我是江豚巡护员				●		●	●		
07 江豚搬家记				●				●	●
08 共创江豚艺术展			●					●	●
09 走近江豚社区								●	
10 负责任的旅行								●	

模块名称	健康生活			责任担当			实践创新		
	珍爱生命	健全人格	自我管理	社会责任	国家认同	国际理解	劳动意识	问题解决	技术运用
01 我为江豚做名片				●				●	
02 跟着淡水豚去旅行	●					●			
03 江豚想吃好多鱼	●			●	●				
04 江豚医院			●	●	●			●	
05 千里寻江豚					●				
06 我是江豚巡护员					●				
07 江豚搬家记		●			●				
08 共创江豚艺术展	●			●	●		●		●
09 走近江豚社区				●				●	
10 负责任的旅行	●		●	●				●	

31

4. 与中小学综合实践活动结合的建议

作为中国素质教育改革中的一项措施，2001 年教育部发布了《基础教育课程改革纲要（试行）》，明确将综合实践活动列为必修课程。但在实践中，仍有些地区和学校把它当作学科课程的简单补充或延伸，甚至根本就没有开课。2017 年 9 月教育部印发了《中小学综合实践活动课程指导纲要》，再次明确综合实践活动是国家规定的小学至高中的必修课程，是贯彻中国共产党的教育方针、提升学生综合素质、全面推进素质教育的重要课程。

综合实践活动强调引导学生亲身体验实践，与 WWF 环境教育教学"七步走"法中的拓展设计理念十分一致。而环境教育作为一门跨学科的领域，也十分适合在综合实践活动课中进行授课。因此，笔者对《中小学综合实践活动课程指导纲要》附件提供的 152 个中小学综合实践活动推荐主题进行了筛选，并参考其设计了每个模块的拓展内容，供学校的教师使用（表 1-8）。

▼　表 1-8　可运用于中小学综合实践活动推荐主题的课程

模块名称	对应的"中小学综合实践活动推荐主题"			
	考察探究活动	社会服务活动	设计制作活动	职业体验及其他活动
01 我为江豚做名片	关爱身边的动植物	我做环保宣传员	魅力陶艺世界	
02 跟着淡水豚去旅行	研学旅行方案设计与实施	我做环保宣传员	我是平面设计师	
03 江豚想吃好多鱼		我做环保宣传员		
04 江豚医院		我做环保宣传员		
05 千里寻江豚	带着课题去旅行			
06 我是江豚巡护员	身边环境污染问题研究	做个环保志愿者		找个岗位去体验
07 江豚搬家记				
08 共创江豚艺术展		做个环保志愿者	"创客"空间	
09 走近江豚社区	社区管理问题调查及改进			
10 负责任的旅行	家乡生态环境考察及生态旅游设计	做个环保志愿者		

单元主题 1：微笑天使
01 我为江豚做名片

授课对象
小学生

活动时长
45 分钟（90 分钟）

授课地点
室内

扩展人群
初中生、亲子家庭

适宜季节
春夏秋冬

授课师生比
1：1：(30~40)

辅助教具

PPT 课件、白板、黑色水彩笔、长江江豚拼图、学生任务单

知识点

- 鱼类和鲸豚类的异同点
- 鼠海豚和江豚的关系
- 江豚的形态特征、种群分布及种群数量

教学目标

1. 对江豚产生好奇心，希望了解更多关于它的信息。

2. 能够指出鱼类和鲸豚类之间的 3 个共同点和差异点。

3. 知道江豚是一种栖息于淡水环境中的鼠海豚，是中国特有的水生哺乳动物。

4. 掌握江豚的形态特征、生物学分类和种群分布等生物学基础知识。

5. 能够绘制出江豚的外形，并运用自己的语言向他人介绍江豚的特点。

6. 认同保护江豚的紧迫性和重要性，并愿意做一名江豚宣传员。

涉及《指南》中的环境教育目标

环境意识

1.1.1　欣赏自然的美。

环境知识

2.1.1　列举各种生命形态的物质和能量需求及其对生存环境的适应方式。

2.1.13　举例说明个人参与环境保护和环境建设的途径和方法。

环境态度

3.1.2　尊重、关爱和善待他人，乐于和他人分享。

技能方法

4.1.1　学会思考、倾听、讨论。

4.1.4　评价、组织和解释信息，简单描述各环境要素之间的相互作用。

环境行动

5.1.2　能从自身开始，做到简单的环保行动，并在校园和家庭生活中落实。

与《课标》的联系

小学科学

3~4 年级

5.2.1　根据某些特征，对动物进行分类。

5.2.2　识别常见的动物类别，描述某一类动物（如昆虫、鱼类、鸟类、哺乳类）的共同特征；列举几种我国的珍稀动物。

6.2.1 举例说出动物通过皮肤、四肢、翼、鳍、鳃等接触和感知环境。

6.2.2 描述动物维持生命需要空气、水、食物和适宜的温度。

核心素养

审美情趣、理性思维、勇于探究、乐学善学、信息意识、社会责任、问题解决

教学策略

① 讲述　　③ 演示　　⑤ 体验式

② 展示　　④ 问答评述　⑥ 讨论分享

知识准备

长江江豚的基本信息

长江江豚（学名：*Neophocaena asiaeorientalis* ssp. *asiaeorientalis*，简称江豚）属于鲸目齿鲸亚目鼠海豚科江豚属，是窄脊江豚的长江亚种，也是鼠海豚科的唯一的淡水亚种（表 2-1）。

江豚英文名是 Yangtze finless porpoise，即"长江露脊鼠海豚"，可视为江豚的全称。finless 一词中文译为"露脊"，表示没有背鳍，这也是江豚区别很多海豚的最显著特征之一。在江豚的背部长有一条细长形的棘状小结节区域，摸上去手感粗糙，像一块防滑垫。有研究指出，这些突起物在皮肤内层连通神经，可能是感觉结构。这块区域的分布形状和面积是江豚属物种分类的依据之一。

江豚的肤色在一生中没有太大变化，出生时呈浅灰色，随着年龄增长，肤色会渐渐加深，成年后通身呈灰黑色。它们头部圆钝，前额微凸，没有突出的嘴喙。眼小，牙齿十分细小，呈铲形。唇线上扬，看上去像是在笑，所以也被亲切地称为"微笑天使"。

江豚是一种群居动物，它们一般组成 2~3 头为核心的群体，然后组成大群。在比较集中的水域可以看到十几头甚至几十头群体。雄性个头大于雌性。成年江豚雌性体长一般在 1.3m 以上，雄性一般在 1.4m 以上。成年江豚体重一般在 50~80kg，极少能够见到体重超过 100kg 的江豚。它们采取"一夫多妻"或"群婚"的婚配方式，雄豚在交配完成后不再参与雌豚的生产、哺乳和育幼活动。作为哺乳动物，雌豚孕期为 11~12 个月，每胎产一仔，且在水中完成妊娠哺乳。幼豚出生后，会跟随其母亲生活较长一段时间，前 3 个月主要进食母乳，之后开始吃小鱼。幼豚从 3 个月起学习捕食技巧，直到 6 个月之后断奶。幼豚一般

最早对江豚的记载

中国古代关于江豚的记载最早出自东汉许慎所著的《说文解字》，文曰"鮹，鮹鱼也。出乐浪潘国。从鱼，菊声。一曰鮹鱼出九江。有两乳。一曰溥浮。"据考证，九江是指长江流域鄱阳湖至洞庭湖一带及其支流，乐浪为现今的朝鲜平壤。由此我们可知，古人认识江豚是从长江中游的长江江豚和朝鲜的东亚江豚开始的。

江豚的分布与水深的关系

水深是影响江豚栖息地选择的重要环境因子。研究表明，江豚适宜的水深范围为：低水位时期4～8 m，中水位时期6～12 m，高水位时期7～20 m。

相关纪录片推荐

1.《万类共生》
世界自然基金会
深圳市一个地球自然基金会
鹰角网络

2.《豚殇·拯救长江江豚》
湖北广播电视总台
世界自然基金会
中国科学院水生生物研究所

3.《换个角度看江豚》
中国国家地理

4.《中国珍稀物种系列纪录片——长江江豚》
上海科技馆

▼ 表 2-1 长江江豚基本信息一览表

家　　谱	动物界 脊索动物门 哺乳纲 鲸目 齿鲸亚目 鼠海豚科 江豚属
保护级别	《世界自然保护联盟红色名录》（简称《IUCN 红色名录》）极危（CR）；《濒危野生动植物种国际贸易公约》（CITES）附录 I 物种；中国国家一级保护野生动物
历史分布	长江、湘江、赣江等水系和流域
目前分布	长江中下游干流及两个通江湖泊——洞庭湖、鄱阳湖
身长体重	成年江豚体长在 1.3~1.8m，体重平均 50~80kg。
饮食习惯	主要食用小型鱼类、虾和软体动物
恋爱繁殖	江豚可能采取"一夫多妻"或者"群婚"的婚配方式。雌豚孕期 11~12 个月，每胎产一仔。雄豚在交配完之后就不参与雌豚的生产、哺乳和育幼活动
成长过程	幼仔主要跟随母亲生活，前 3 个月主要进食母乳，之后开始吃小鱼。幼豚一般 2 岁左右可离开母亲独立生活，4~5 岁性成熟
野外寿命	平均为 20~25 年

2 岁以后离开母豚独立生活，雌性幼豚甚至还需要与母豚生活更长的时间，4~5岁性成熟可参与繁殖。江豚平均寿命为 20~25 岁。

江豚主要分布在长江中下游干流及与之相连的两个大型湖泊——鄱阳湖和洞庭湖。长江干流的江豚种群分布以宜昌为起点，这主要是因为江豚喜欢在水流平缓、水域开阔、不易被打扰的区域活动，宜昌以上的水流湍急，并不适合它们生存。鄱阳湖是野外江豚分布密度最高的区域，洞庭湖次之。两湖的鱼类资源丰富，能为它们生存、繁衍提供良好的环境条件和食物基础，是十分重要的栖息地。

鼠海豚科动物

鲸豚类动物（cetacean）可以分为三大类，鲸（whales）、海豚（dolphins）和鼠海豚（porpoises）。鼠海豚是一种体形比较小的鲸豚类动物，现存 3 属 7 种。其身体圆润，吻部不突出（图 2-1），属于海豚的远亲，一般体长不超过 2m。

从外形上看，鼠海豚和海豚非常相像，我们可以通过牙齿的形状来区分它们。鼠海豚的牙齿呈铲状（图 2-2），海豚则呈锥状（图 2-3）。其次，鼠海豚基本没有喙，没有像海豚那样的长吻或短吻。大部分鼠海豚比较害羞，出水呼吸时尾鳍往往保持在水中，很少见到喷气。

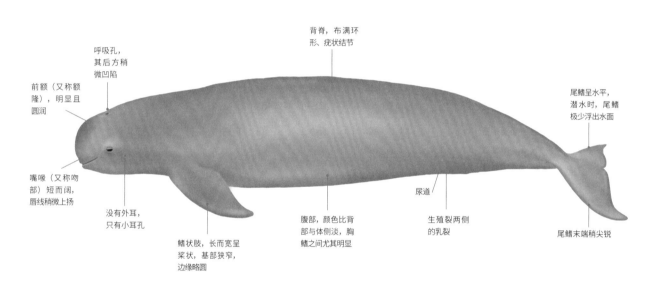

呼吸孔，其后方稍微凹陷

前额（又称额隆），明显且圆润

嘴喙（又称吻部）短而阔，唇线稍微上扬

没有外耳，只有小耳孔

鳍状肢，长而宽呈桨状，基部狭窄，边缘略圆

背脊，布满环形、疣状结节

腹部，颜色比背部与体侧淡，胸鳍之间尤其明显

尿道

生殖裂两侧的乳裂

尾鳍呈水平，潜水时，尾鳍极少浮出水面

尾鳍末端稍尖锐

▲ 图 2-1 江豚身体结构图

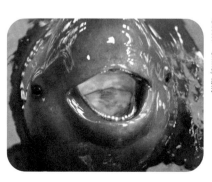

©WWF—China/易清

▲ 图 2-2 江豚的牙齿特写

©WWF/Gustavo Ybarra

▲ 图 2-3 瓶鼻海豚的牙齿特写

江豚有鼻子吗?

江豚有鼻子,头顶上的呼吸孔就是它们的鼻孔。与人类鼻子结构不同,江豚的鼻子不具备感受气味的功能,因此它们没有嗅觉,鼻子只用于呼吸。江豚在水下时,呼吸孔闭合,呈"C"字形,而出水时,呼吸孔会张开,几乎呈圆形(图 2-4)。

江豚有耳朵吗?

江豚有耳朵,但是没有像人类那样明显的耳廓。它们的外耳孔只有芝麻粒大小,位于眼睛的正后方。和海豚一样,江豚的听觉系统十分发达。它们使用先进的回声定位来识别前方的情况,不仅可以识别物体的位置,还可以识别其大小和形状。

江豚属动物

江豚属动物在形态上有一个显著特点,没有背鳍,取而代之的是一种棘状结节区域(图 2-5)。从外形看江豚属动物十分相似,因此其分类也一直饱受争议,后来科学家通过对江豚属动物背部形态和头骨形态进行测量,并结合江豚体色以及分子遗传学证据将江豚属动物分为印太江豚(*Neophocaena phocaenoides*)和窄脊江豚(*Neophocaena asiaeorientalis*),其中,窄脊江豚又分为长江江豚(*N. a.* ssp. *asiaeorientalis*)和东亚江豚(*N. a.* ssp. *sunameri*)两个亚种(表 2-3,图 2-6)。

▼ 表 2-2 江豚属动物信息表

属	种	亚种	分布	IUCN 濒危等级
江豚（*Neophocaena*）	印太江豚（*Neophocaena phocaenoides*）	无	印度洋到中国南海的南方海域（图 2-7）	易危 VU
	窄脊江豚（*Neophocaena asiaeorientalis*）	长江江豚（*N. a.* ssp. *asiaeo-rientalis*）	长江中下游及其大型通江湖泊（洞庭湖和鄱阳湖）（图 2-7）	极危 CR
		东亚江豚（*N. a.* ssp. *suna-meri*）	台湾海峡以北的东海、黄（渤）海及韩国和日本的北方海域（图 2-7）	濒危 EN

©WWF-China / 孙晓东

▲ 图 2-4 江豚出水呼吸时,会打开呼吸孔

©WWF—China/ 陈勇

▲ 图 2-5 江豚背部棘状结节特写

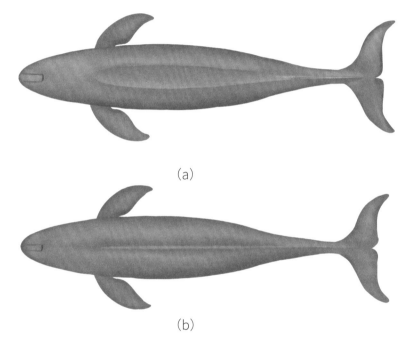

(a)

(b)

▲ 图 2-6 印太江豚（a）和窄脊江豚（b）俯视图

长江江豚
东亚江豚
印太江豚
东亚江豚和印太江豚均有分布

▲ 图 2-7 江豚属动物分布图

近年来，基于基因组的研究显示，长江江豚可能是独立的物种。2018 年 4 月 10 日，《自然通讯》上刊登了中国科学家、南京师范大学生命科学学院教授杨光与美国加州大学伯克利分校、华大基因的科研人员共同针对江豚的群体基因组学的研究论文。研究人员分析了长江和中国沿海不同水域共计 48 头江豚的基因组数据发现，长江江豚长期生活在淡水低渗环境中，已经出现了适应性演化，更好地在淡水环境下维持体内的水盐平衡。而这种显著的遗传分化与适应性演化，提示长江江豚和东亚江豚之间缺乏基因交流而出现了生殖隔离，成为独立的物种。这意味着长江江豚可能是唯一而且相对独立的一个江豚淡水种群，也是鼠海豚科所有物种中唯一的淡水种群，仅分布于长江中下游干流、洞庭湖和鄱阳湖中，是中国水域 3 个江豚种群中最濒危的。

鲸豚类和鱼类的异同点

鱼类和鲸豚类是水生生态系统中非常具有代表性的生物。它们都属于脊椎动物，高度适应水下生活环境，大部分具备高度流线形体形，依靠鳍的滑动作为水下运动的主要推动力。但两者在呼吸方式、生殖方式、哺育方式和体温调节等方面存在显著差异（表 2-3，图 2-8）。

▼ 表 2-3　常见鱼类和鲸豚类动物的比较

	常见鱼类	鲸豚类
呼吸方式	鳃呼吸、皮肤呼吸	肺呼吸，每隔一段时间需要出水换气
体温调节	变温动物，体温会随外界环境温度而变化	恒温动物
尾鳍摆动方式	呈垂直型，左右摆动	呈水平型，上下摆动
生殖方式	卵生或卵胎生	胎生
抚幼方式	大部分仔鱼出膜后便自食其力	母乳喂养
后代数量	产量高	产量低，通常每胎 1 头

▲ 图 2-8　鱼类和鲸豚类

教学内容

1.1 教师做开场自我介绍。通过"指鼻子"游戏进行热身，引出本节课的动物主角。游戏规则：教师念一段关于动物主角的描述，请学生从中寻找线索。在聆听的过程中，学生一旦猜到了它的名字，就可以把食指放在自己的鼻尖上，但整个过程中不可以发声或相互交流。如果认为后面的描述与自己所猜的动物不符，则可将手指放下来。

以下为动物主角的特征描述：

- 我是一种生活在水里的动物，外形像鱼，又不是鱼；
- 我生活在长江里，名字里有"长江"两个字；
- 我有一颗圆滚滚的脑袋，两只小眼睛，皮肤是灰黑色的；
- 如果你从正面看我的脸，会发现我的嘴角微微上扬，看起来像在微笑，所以人们称我为"微笑天使"。

1.2 教师逐句念完整段文字，观察有多少学生将食指放在了鼻尖上，并从中挑选 2~4 位学生分享答案。教师可以将收集到的答案写在白板上。

1.3 教师向学生展示一张带有标志性"微笑"的江豚正面照片，揭晓课程的主角——江豚，强调这是一种中国特有的动物。

1.4 教师做一个课程开始前的小调查，以评估学生对于课程主角的了解程度。教师可以设计一些问题，请学生举手示意或者回答，并将关键词记录在白板上。建议问题如下，教师可自行选择。

- 哪些同学听过江豚的名字？
- 哪些同学见过江豚？
- 江豚给你留下了怎样的印象？
- 江豚是不是鱼？
- 江豚是海豚吗？
- 海里有江豚吗？
- 你们想了解关于江豚的哪些信息呢？

1.5 教师对小调查的反馈情况进行总结，邀请学生参与到课程中，一起深入认识中国的国宝——江豚，成为江豚保护的宣传员，让更多的人认识和了解憨态可掬的江豚。

> **时长缩短建议**
>
> 教师可根据现场情况减少学生分享的机会。

2 构建
15~30 分钟

2.1 教师为学生播放一段《万类共生》纪录片中江豚水下的全身视频，时间控制在 1 分钟内。在开始播放前，提示学生观看时注意观察江豚的外形特征以完成一个江豚的拼图任务。在此过程中，教师需留意学生观看影片时的反应。对于低年级的学生，影片观看完毕后，教师可以通过提问的方式引导学生总结江豚的形态。注意：该环节教师对于学生的回答不做评价和纠正。

2.2 教师将学生按照 3~4 人为单位进行分组，每组拿到一套江豚拼图，此过程请学生保持沉默，先不要交流。

任务：寻找合适的身体部位，正确拼出 1 头完整的江豚。教师需向学生说明，在拿到的这些拼图资料中有一些是干扰项，需要学生加以甄别。完成拼图后，学生需要用黑色水笔在卡片上绘制出江豚的嘴巴。

材料：每组 1 套塑封过的江豚拼图材料和一支黑色水彩笔。教师也可提供每组一块小白板和一些吸铁石，便于展示。

时长：3 分钟

2.3 学生完成任务后，教师可以邀请相邻小组观摩彼此的作品并讨论。然后，教师在白板上带领学生共同完成一头江豚的拼制。在此过程中，教师自然引导学生回忆江豚的外形特征，并作详细讲解。教师可从江豚的身体躯干开始，询问学生。

- 身体的选取。引出江豚生活在水下，流线形可以帮助它减少水下的阻力。

- 尾巴的选取。教师可以结合视频，强调江豚的尾鳍是上下摆动的，和鱼不同。

- 背鳍的选取。教师可以结合图片，说明江豚所在的江豚家族都没有背鳍。

- 嘴巴的绘制。教师可以结合江豚的正面照片，说明江豚的嘴角微微上扬，看上去在笑，所以获得了"微笑天使"的美誉，但其实只是我们将人类的情绪表达方式套用到了江豚身上，它们并不是真的在微笑。

2.4 教师给学生展示几张其他鲸豚类的照片，请学生从中辨识出江豚。

2.5 教师继续回到引入环节时向学生提出的问题——江豚是不是鱼，收集学生的答案。教师展示鱼类和江豚的照片，引导学生通过观察比较江豚和鱼类的相同点和差异点，进而引出江豚是一种水生哺乳动物，属于鲸豚类。在课程中，教师可以结合一些视频资料对具体的差异点展开说明。以肺呼吸为例，教师可以先请学生分享自己在游泳时的呼吸方法，随后播放《万类共生》纪录片中江豚出水的视频，结合呼吸孔的特写照片，帮助学生理解江豚呼吸方式与鱼类的差异。

2.6 教师继续提问，江豚是不是海豚？学生们可能会比较关心这个话题。教师可以结合江豚和海豚的牙齿特写进行介绍，从而引出江豚属于鼠海豚科以及鼠海豚科的特点。

2.7 教师继续提问，海里有没有江豚呢？教师可以介绍江豚属的成员以及江豚对淡水环境的适应，强调江豚是鼠海豚科中唯一生活在淡水中的物种。

2.8 教师向学生展示江豚身体结构图（图 2-1），引导学生共同回顾所学的知识点，进一步加深学生对江豚形态结构特征的了解。

2.9 教师简单介绍江豚的野外分布及种群数量的变化，引出其极度濒危的现状。

时长缩短建议

此环节将帮助学生建立对江豚的基本认识，也是完成实践环节重要的基础，教师可通过多媒体（动图、视频等）辅助讲解，并可以根据课时长短，适当选择教授的知识点。

3 实践
10~20 分钟

3.1 教师向学生说明，虽然江豚是中国特有的动物，属于国家一级保护野生动物，但是大部分人对江豚的关注和了解程度还不够。事实上，它的数量比野生大熊猫还少。接下来，将请学生为江豚制作一张具有吸引力的生物名片，从而向身边的亲朋好友介绍和展示江豚的魅力。教师将提前复印好的学生任务单发给学生。如果有条件教师可用硬卡纸复印，便于后续展示。

3.2 名片设计时要求考虑科学性、准确性、实用性和美观性，每张名片至少包括一段简要的文字介绍以及体现出江豚形态特征的手绘图。

3.3 教师可在 PPT 中提供几种江豚简笔画的样图，也可以手把手教学生画一遍。

3.4 教师可根据学生的年龄特征、知识水平以及课堂时间等具体情况设置任务的完成方式，比如，安排学生独立制作或者以小组协作形式完成任务。教师也可对名片的制作要求进行适当调整。

江豚正面线稿图 © 一个地球

江豚侧面线稿图 © 一个地球

时长缩短建议

实践环节的任务形式相对灵活，除了制作生物名片，也可以鼓励学生制作漫画。如果时间充裕，教师也可以请学生用超轻黏土捏制一个江豚的模型，但建议教师提前自己捏制一个模型带到教室里，供学生观摩。

---

4 分享
10~20 分钟

4.1 教师请学生展示自己或小组共同制作的名片，或者请学生将名片以小组形式平放在桌面上或墙上，邀请所有学生参观。

4.2 教师给学生一部分交流时间，请学生与身边其他小组同学进行介绍练习。教师也可以安排小组汇报的形式统一进行分享。

4.3 教师引导学生对各组江豚名片进行评价，讨论有无科学性的错误，分享令人印象深刻的信息和表达方式，课后请学生对自己或小组制作的名片进行修改和优化。

4.4 教师说明江豚是长江健康的指示物种，指出研究并保护江豚对我们的生存和发展具有重要意义。

时长缩短建议

如果时间紧张，可选择在集体展示和参观后，邀请 2~3 组进行分享，其余活动放在课后，请学生们自行完善生物名片。

---

5 总结
5~10 分钟

5.1 教师向学生展示江豚的身体结构图与种群分布图，遮挡关键信息，带学生回忆江豚的身体形态特征及种群分布等相关知识点。

5.2 教师鼓励学生练习课后将如何使用这张名片，启发学生为江豚进行宣传。

5.3 教师引导学生提出自己关心或想了解的关于江豚的问题，并欢迎学生参加后续课程。

---

6 评估

6.1 是否激发学生探究江豚的兴趣。

6.2 学生能说出至少 3 个鲸豚类和常见鱼类的相同点和不同点。

6.3 学生是否能够辨认江豚的外形特征，并说出它们的种群规模和生活的区域。

6.4 认同保护江豚的理念，并愿意做一名保护江豚的宣传员。

7 拓展

7.1 内容拓展

深度拓展

教师可以将实践环节的学生作品收集起来,张贴在班级内进行展示。

教师可邀请学生根据本节课所学内容策划一场以江豚保护为主题的展览。比如,在每年的 10 月 24 日国际淡水豚日或重要环保节日,在自己班级或全校开展主题宣传活动,由学生带动全校师生参与,提升大家对江豚的认知和保护行动力量。

广度拓展

鼓励学生按照认识江豚的这套方法和流程,继续了解长江里的其他水生生物,例如白鳍豚、白鲟、长江鲟、中华鲟、胭脂鱼等,为其制作一份生物名片,在校园或所在社区举办长江水生生物主题的展览。

鼓励学生通过资料查阅,寻找水生哺乳动物的起源。

我为江豚做名片　　　　　　　　　　【学生任务单】

长江江豚生物名片

单元主题 1：微笑天使

02 跟着淡水豚去旅行

授课对象	初中生
活动时长	45 分钟（90 分钟）
授课地点	室内
扩展人群	小学生、高中生
适宜季节	春夏秋冬
授课师生比	1：1（20~30）
辅助教具	PPT 课件、淡水豚家族全球分布图、7 种淡水豚简介卡和物种卡，淡水豚分布的四大流域的资料、海报纸、彩色水笔

知识点

- 淡水豚的主要生物学特征和种类
- 全球淡水豚的分布情况
- 淡水豚面临的主要生存威胁
- 淡水豚保护对于全球淡水生态系统保护的意义

教学目标

1. 知道淡水豚的定义，主要生物学特征、种类和地理分布情况。
2. 能够总结不同流域淡水豚所面临的主要生存威胁。
3. 理解淡水豚保护的意义，关注全球淡水生态系统的保护。

涉及《指南》中的环境教育目标

环境知识

2.1.1 列举各种生命形态的物质和能量需求及其对生存环境的适应方式。

2.1.4 理解生态破坏和环境污染现象，说明环境保护的重要性。

环境态度

3.1.1 尊重生物生存的权利。

3.1.4 尊重不同文化传统中人们认识和保护自然的方式与习俗。

技能方法

4.1.1 学会思考、倾听、讨论。

4.1.4 评价、组织和解释信息，简单描述各环境要素之间的相互作用。

与《课标》的联系

初中生物

2.1.1 根据生物之间的相似程度将生物划分为界、门、纲、目、科、属、种等分类等级。

2.2.4 脊椎动物（鱼类、两栖类、爬行类、鸟类、哺乳类）都具有适应其生活方式和环境的主要特征。

2.2.5 动植物类群可能对人类生活产生积极的或负面的影响。

2.4.1 我国拥有大熊猫、朱鹮、江豚、银杉、珙桐等珍稀动植物资源。

3.1.2 生态因素能够影响生物的生活和分布，生物能够适应和影响环境。

初中地理

4.2.1 运用地图和相关资料，描述某地区的地理位置，简要归纳自然地理特征，说明该特征对当地人们生产生活的影响。

核心素养

理性思维、勇于探究、乐学善学、信息意识、珍爱生命、国际理解

教学策略

① 讲述　　　③ 问答评述　　　⑤ 讨论分享

② 展示　　　④ 体验式

知识准备

鲸豚类动物

　　鲸豚类动物是鲸、海豚和鼠海豚的统称，包括了脊索动物门哺乳动物纲鲸目的所有动物。它们体态似鱼、皮肤裸露，拥有发达的听觉，且除了须鲸之外，还有声呐探测的能力。部分种类智商极高，甚至具备复杂的情感。全球现存约 90 种鲸豚类动物，大部分生活在海洋中，只有极少部分生活在河流淡水环境。根据化石证据以及分子遗传等研究发现，鲸豚类动物和现存的河马科具有最近的亲缘关系。

　　现代鲸豚类的两个分支——齿鲸亚目和须鲸亚目约在 3400 万年前开始分化。齿鲸类（Odontoceti）和须鲸类（Mysticeti）动物的最大区别就在于"牙齿"的进化（图 2-9）。须鲸类动物口中无齿，仅在胚胎期间可以看到退化的牙齿，取而代之的是位于上颌如帷幕般的角质鲸须。它们通过滤食方式捕食磷虾、小鱼等。须鲸类动物普遍体形巨大，是世界上最大的一类动物，均生活在海洋中，全球现存约 14 种，蓝鲸就是其中的代表物种之一。

　　齿鲸类动物生有锥形或其他形状的牙齿，善于捕食鱼类、头足类等动物。全球现存 75 种齿鲸，它们大多数生活在海洋中，极少数生活在淡水中（即下文所说的淡水豚）。齿鲸类动物的体形总体上较须鲸类动物小，且不同种类间差距较大。

▲ 图 2-9　须鲸和齿鲸类动物的口腔结构差异（左一须鲸，右一齿鲸）

狭义的淡水豚

狭义上的淡水豚指形态学总结归纳的几种具长喙、圆额、小眼等特征的鲸豚类。曾有学者将狭义的淡水豚全部并入恒河豚科或恒河豚总科，称之为淡水豚科或淡水豚总科。其实，这些淡水豚的外形、习性等方面接近是因为生境相仿导致趋同演化的结果，不代表亲缘关系接近，现行分类已将它们划为不同的类群，传统意义上的淡水豚科与淡水豚总科不再是有效的分类阶元。如果按此分类，白鱀豚属于淡水豚，不包括江豚、伊河豚、土库海豚。

淡水豚

　　淡水豚具有分类概念和生态概念，后者将长期生活在淡水生境中的鲸豚类动物统称为淡水豚，其中也包括了部分生活在咸淡水交界的河口区域的豚类。淡水豚的体形通常更加小巧，适应江河的生活，大部分在水深较浅或河道较窄的地方也能生存。

　　有研究表明，淡水豚的祖先曾经在中新世中期生活在被高海平面淹没的亚马孙河、长江、印度河、恒河流域的浅海中，后来因为海平面持续降低，这些淡水豚类就留在了所生活地区的淡水河里。

　　进入淡水环境生活后，鲸豚类动物需要解决的问题是保留从食物中摄取的盐分，排出更多的水分，以防止在淡水环境下因为渗透压问题吸入过多的水而导致身体肿胀。但目前的研究发现，淡水鲸豚类与海洋鲸豚类在肾脏结构上并没有极其显著的差别，例如，长江江豚和东亚江豚的肾脏在形态结构上几乎没有差别，但是在显微结构以及蛋白表达方面具有一些明显差异。此外，从皮肤结构上也几乎很难看到长江江豚和东亚江豚的显著差别，说明两者在渗透调节方面可能有更深层次的机制。

　　本课程主要探讨的为广义上的淡水豚，共有 7 种（含亚种）。它们仅生活在亚洲和南美洲，分别为：白鱀豚（*Lipotes vexillifer*）、长江江豚（*Neophocaena asiaeorientalis* ssp. *asiaeorientalis*，亚种）、伊河海豚（*Orcaella brevirostris*）、亚河豚（*Inia geoffrensis*）、土库海豚（*Sotalia fluviatilis*）、恒河豚下的 2 个亚种，即恒河豚（*Platanista gangetica* ssp. *gangetica*，亚种）和印度河豚（*Platanista gangetica* ssp. *minor*，亚种）。

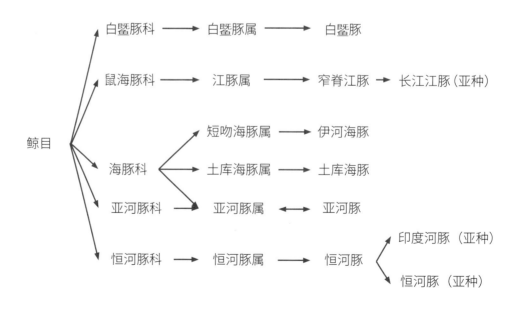

▲　图 2-10　淡水豚分类信息

作为河流生态系统的顶级捕食者，淡水豚在食物的选择上，对淡水鱼类的适应性也更强，喜欢吃小型淡水鱼类和虾类。因此，在鱼虾丰富的天然浅滩和沙洲常常能见到它们的身影。

淡水豚对于河流生态环境、水质和食物均有较高的要求。因此，它们也被视为河流健康的重要指示物种。由于淡水豚生活的地方往往十分适宜人类生存，所以它们更容易受到人类活动的影响，生境退化、食物资源匮乏正使得它们成为受人类活动威胁最严重的哺乳动物之一。从另一方面看，淡水豚数量的下降也反映出其生活地区淡水生态系统的衰退。目前，《IUCN 红色名录》对 7 种淡水豚的评级中，白鱀豚已经被列为极危（功能性灭绝）物种，江豚、伊河海豚的部分种群也被列为极危物种，其他几种淡水豚都被列为濒危物种。

由于淡水豚的栖息地与人类生活生产区域高度重叠，一方面，从全球来看，所有淡水豚都受到不同程度的人类活动干扰；而另一方面，人类对它们的研究还很不充分，有一些淡水豚甚至没有摸清野外种群数量。大多数淡水豚物种属于单一物种科，因此，它们的消失代表着整个进化谱系的丧失。毫无疑问，我们需要更多的行动来保护淡水豚及其所在的河流生态系统。

© 中国科学院水生生物研究所

▲ 图2-11 白鱀豚淇淇

白鱀豚 *Lipotes vexillifer*

家　谱	动物界 脊索动物门 哺乳纲 鲸目 白鱀豚科 白鱀豚属
保护级别	《IUCN 红色名录》极危（CR）物种，2017 年被评为极危（可能灭绝）；《濒危野生动物植物种国际贸易公约》（CITES）附录 I 物种；中国国家一级保护野生动物
体形大小	成年体长 2~2.5m，体重 135~230kg
主要特征	喙长且略微上翘，背呈浅青灰色，腹部为纯白色，时速可达 60km 左右（图2-11）
分布区域及数量	分布于长江中下游水系及钱塘江，是中国特有的一种淡水豚。科学家预估 1984 年以前，白鱀豚的数量约有 400 头，到 1995 年已不足 100 头，1997—1999 年，仅发现了 13 头。此后虽有零星目击报告和影像资料显示可能还有白鱀豚个体，但其数量已不足以延续种群，国际学界因此认定白鱀豚功能性灭绝。1996 年，《IUCN 红色名录》中其评级为极危（CR）

▲ 图 2-12 江豚

长江江豚 *Neophocaena asiaeorientalis* ssp. *asiaeorientalis*

家　谱	动物界 脊索动物门 哺乳纲 鲸目 鼠海豚科 江豚属 窄脊江豚
保护级别	《IUCN 红色名录》极危（CR）物种；《保护野生动物迁徙物种公约》（CMS）附录 II 物种；《濒危野生动物植物种国际贸易公约》（CITES）附录 I 物种；中国国家一级保护野生动物
体形大小	成年体长 1.3~1.8m，体重 50~80kg
主要特征	头圆而钝，体色灰暗，体形略呈纺锤形，皮肤嫩滑，背部无背鳍，鳍状肢呈镰刀状，尾鳍发达（图 2-12）
分布区域及数量	仅分布于长江中下游干流和洞庭湖、鄱阳湖两大通江湖泊中。2017 年科考数据显示，野外种群数量约为 1012 头，其中，长江干流 445 头，洞庭湖 110 头，鄱阳湖 457 头
地方文化	在刮大风或天气变冷之前，江面就会顺风起浪，江豚会朝着风向顶风出水，人称"江猪拜风"。旧时，在江上生活的船工渔民常用江豚这一行为来预测天气

伊河海豚 *Orcaella brevirostris*

家 谱	动物界 脊索动物门 哺乳纲 鲸目 海豚科 短吻海豚属
保护级别	《IUCN 红色名录》濒危（EN）物种；《保护野生动物迁徙物种公约》（CMS）附录 I，II 物种；《濒危野生动物植物种国际贸易公约》（CITES）附录 I 物种
体形大小	成年体长 2~2.75m，体重 120~150kg
主要特征	整体呈深蓝灰色，腹部以下颜色较浅，头大而且圆钝，吻部并不明显。背鳍位于脊背后方，呈三角形，又短又钝（图 2-13）
分布区域及数量	伊河海豚主要生活在南亚的淡水和滨海地区，其中，淡水种群主要生活在湄公河、缅甸的伊洛瓦底江与印度尼西亚的马哈坎河三大河流，也是本课程所指的淡水豚种群。其滨海种群主要分布在孟加拉湾和东南亚的近岸海域，以及印度吉尔卡湖、泰国宋卡湖与菲律宾马兰帕亚海峡的三处微咸水域。野外种群数量呈下降趋势
地方文化	伊河海豚会表现出一种独特的行为，它们可以喷出 1.5m 高的水流，通过赶鱼群进行捕鱼。在缅甸的伊洛瓦底江上游，当地渔民会和它们合作，依靠它们将鱼群聚拢在渔网中，而渔民也会回馈它们以渔获当作奖励

© naturepl.com / Roland Seitre / WWF

▲ 图 2-13 伊河海豚

©WWF-Pakistan

▲ 图 2-14 印度河豚

印度河豚 *Platanista gangetica* ssp. *minor*

🐟	家　谱	动物界 脊索动物门 哺乳纲 鲸目 恒河豚科 恒河豚属 恒河豚
〜	保护级别	《IUCN 红色名录》濒危（EN）物种；《濒危野生动物植物种国际贸易公约》（CITES）附录 I 物种
📷	体形大小	成年体长约 2.5m，体重 70~110kg
☆	主要特征	与恒河豚十分相似，全身呈棕灰色，背鳍小而呈三角形，鳍状肢和尾鳍较大；喙狭长，即使在未张开的情况下，也可看到上下颚生长着明显的牙齿（图 2-14）
📍	分布区域及数量	主要分布于巴基斯坦、印度境内的印度河盆地下游的河流。目前，IUCN 公布的 2017 年野外数据约为 1987 头，数量趋势不明

恒河豚 *Platanista gangetica* SPP. *gangetica*

家 谱	动物界 脊索动物门 哺乳纲 鲸目 恒河豚科 恒河豚属 恒河豚
保护级别	《IUCN 红色名录》濒危（EN）物种；《保护野生动物迁徙物种公约》（CMS）附录 I，II 物种；《濒危野生动物植物种国际贸易公约》（CITES）附录 I 物种；中国国家一级保护野生动物
体形大小	成年体长达 1.5~2.5m，体重 70~90kg，雌性大于雄性
主要特征	体呈棕灰色，背鳍小而呈三角形，鳍状肢和尾鳍较大。喙狭长，即使在未张开的情况下，也可看到上下颚生长着明显的牙齿。因眼内缺少晶状体，所以几乎等同于失明，仅能感受到光的强度和方向（图 2-15）
分布区域及数量	主要分布于印度、尼泊尔和孟加拉国境内恒河和布拉马普特拉河上游（中国境内称雅鲁藏布江）地区。野外种群不确定，已有数据显示，印度亚种群 3500~4000 头、尼泊尔亚种群 28 头、孟加拉国亚种群 547 头，数量趋势亦未知
地方文化	在当地被称为"susu"，据说是呼吸时发出的声音

© WWF-Pakistan

▲ 图 2-15 恒河豚

▲ 图 2-16 土库海豚

土库海豚 *Sotalia fluviatilis*

家 谱	动物界 脊索动物门 哺乳纲 鲸目 海豚科 土库海豚属	
保护级别	《IUCN 红色名录》濒危（EN）物种；《保护野生动物迁徙物种公约》（CMS）附录 II 物种；《濒危野生动物植物种国际贸易公约》（CITES）附录 I 物种	
体形大小	成年体长 1.2~2m，体重 35~55kg	
主要特征	外观经常被指像宽吻海豚，但它们的体形更小，背部及两侧呈浅灰至蓝灰色，腹部呈粉红色，背鳍稍呈钩状，喙轮廓分明，长度适中。上下颌有 26~36 对牙齿（图 2-16）	
分布区域及数量	生活在亚马孙河流域盆地和奥里诺科河流域，分布范围覆盖巴西、秘鲁、哥伦比亚东南部及厄瓜多尔东部，主要栖息于干流与支流交汇处、河湾及冲积平原的湖泊内。野外数据约为 5144 头	
地方文化	土库海豚的名字源于当地土著语	

亚河豚 *Inia geoffrensis*

家　谱	动物界 脊索动物门 哺乳纲 鲸目 亚河豚科 亚河豚属
保护级别	《IUCN 红色名录》濒危（EN）物种；《保护野生动物迁徙物种公约》（CMS）附录 II 物种；《濒危野生动物植物种国际贸易公约》（CITES）附录 II 物种
体形大小	成年体长达 2.3~2.8m，体重达 160kg，是体形最大的淡水豚（图 2-17）
主要特征	也被称为"粉红河豚"，吻部十分突出，皮肤呈粉红色
分布区域及数量	生活在亚马孙河流域和奥里诺科河流域中，目前世界自然保护联盟（IUCN）公布的数量未知。分散研究数据显示可能有上万头的种群数量，不过有持续减少的趋势

▲ 图 2-17　亚河豚

淡水豚的生存危机

在过去的几十年里，整体上淡水豚的数量呈明显的下降趋势，而背后所揭示的恰恰是这些区域河流生态系统的衰退问题。淡水豚的分布区域与人类居住的河流水域高度重叠，人们对于水资源、食物、航运、水能等的巨大需求给当地生态系统带来了巨大压力（图 2-18）。

- 渔业资源过度捕捞：在淡水豚分布的河流周围，大量人口依赖渔业为生。过度捕捞导致淡水豚食物短缺，而滚钩、电击等残忍的捕鱼方式也会对淡水豚造成直接的威胁和伤害。除此之外，在恒河流域和亚马孙河流域，尚存在以淡水豚为诱饵捕捞鲶鱼的现象。有数据记载，一具淡水豚的尸体能够帮助渔民捕获约 300kg 鲶鱼。

- 淡水资源消耗与废弃物排放：沿岸工农业在生产过程中需耗费大量淡水资源，农民会从河流中抽取大量的淡水进行农作物的灌溉，而且人工开凿的灌溉渠和农业水坝挡住了水流，导致河流水流量减少以及水资源空间分布不均，淡水豚进入一些浅滩或进入水闸后，难以再回到主干河流。工农业生产过程中还会向河流排放大量污水，造成水体污染。此外，沿岸煤矿、石油等采矿业也会对河流产生直接的污染。淡水豚处于区域食物链的顶端，更易受到有毒物质富集污染的影响。

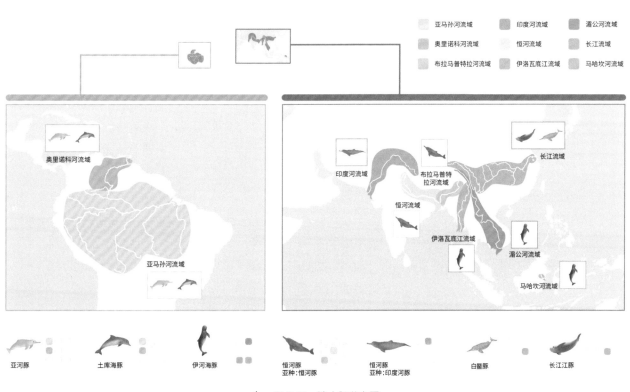

▲ 图 2-18　淡水豚分布图

注：`.` 表示分布的流域

- 涉水工程:一些地区出于防洪、治涝、排水、供水、灌溉、航运及水资源、水环境、水生态、水景观建设等需要,修建了大量涉水工程,如水坝、船闸、码头、桥梁、疏浚工程等。它们在河流中形成物理屏障,使得河流主干道与各支流之间的天然连通性被阻隔,既阻断了淡水豚各种群之间的交流,又破坏了河流运输营养物质和沉淀物、促进鱼类洄游以及提供其他重要生态系统服务的能力,进而威胁淡水豚的生存。

- 航运:许多河流是重要的航运通道,密集往来的船只发动机所发出的噪声会直接干扰淡水豚的声呐系统,螺旋桨也会对淡水豚造成误伤。

值得注意的是,上述问题并非孤立存在,事实上大多数淡水豚都承受着多重威胁的影响,而这些威胁因素又会相互叠加,导致更为严峻的问题。特别是在气候变化因素的叠加下,异常气候所导致的寒潮、洪水、干旱等极端天气事件频率在增加、强度在增强,影响了淡水豚的栖息地质量和食物来源(表2-4)。以干旱为例,人们往往为了适应极端天气的变化,不得不在农业灌溉等方面使用更多的淡水资源,这将进一步破坏河流和湖泊生态系统,造成恶性循环,使淡水豚的生存面临更大的危机。

▼ 表2-4 淡水豚分布的四大地区及其面临的问题

分布地区	所在大洲	淡水豚种类	面临的主要生存威胁
亚马孙河流域、奥里诺科河流域	南美洲	亚河豚、土库海豚	• 渔业资源过度捕捞 • 水坝等涉水工程建设 • 水体污染
长江流域	亚洲	白鱀豚、江豚	• 渔业资源过度捕捞(长江"十年禁渔"后,该威胁因素已消除) • 栖息地消失或退化 • 航运 • 水体污染
印度河流域、恒河流域、布拉马普特拉河流域	亚洲	印度河豚、恒河豚	• 水坝、农业灌渠等涉水工程建设 • 栖息地退化和破碎化 • 水体污染 • 渔业资源过度捕捞
湄公河流域、伊洛瓦底江流域、马哈坎河流域	亚洲	伊河海豚	• 渔业资源过度捕捞 • 水坝等涉水工程建设 • 水体污染 • 航运

恒河豚和印度河豚的关系

从外表上看,我们很难将恒河豚和印度河豚区分开来。它们之间是否是同一个物种呢?20世纪70~90年代,恒河豚和印度河豚被划为独立物种,1998年根据遗传学研究结果,将其列为恒河豚的两个亚种。2021年的研究认为,两者的头骨结构存在显著的遗传差异,再加上恒河和印度河流域在4000多万年来一直没有连接,因而科学家认为它们属于独立物种。

国际淡水豚日

每年的 10 月 24 日为"国际淡水豚日"，这一纪念日是在 2010 年 10 月召开的亚洲淡水鲸类保护论坛上被提议并设立的，目的是在每年的特定日子围绕淡水豚的保护开展纪念和宣传活动，以此加强人们对淡水豚类的了解，提高人们对淡水豚的保护意识。

全球淡水豚保护地有效管理国际认证标准

淡水豚保护地的建设和管理是淡水豚保护的根基和有效手段，然而，由于全球淡水豚各保护地成立时间不同，经历的发展阶段不同和所处国家、区域的经济、监管状况不同，管理现状水平存在较大差异。WWF 从 2019 年着手开发专门针对全球淡水豚保护地有效管理的国际认证标准（简称 CA|RDS），旨在促进淡水豚保护地管理者积极改善管理，达到有效管理示范标准。

保护淡水豚的意义

淡水豚位于河流生态系统食物链的顶端，是河流健康的重要指示物种，它们的命运直观反映了所在河流的健康状况。如果淡水豚种群能够在一片水域中自然繁衍生息，预示着该水域具有较为健康的生态系统结构和功能；反之，如果淡水豚种群数量快速下降，就为该河流的生态系统状况亮起了红灯。

目前，淡水豚分布的区域均为世界重要的淡水河流域，例如，亚马孙河、长江、恒河、湄公河，等等，不仅具有典型的淡水生态系统，而且与人类社会关系密不可分。

在世界各地监测淡水豚的数量及其栖息地环境，一方面可以了解淡水豚的种群状态，同时也能借此反映出河流的生态系统健康状态，进一步推动全球各方在淡水领域的合作。

世界自然基金会在淡水豚保护领域所做的工作

世界自然基金会正在与淡水豚分布国的所在政府、科研机构、非政府组织等积极开展合作，通过加强研究和监测、示范推广保护方法、倡导淡水豚友好型政策等方式，推动各流域的淡水豚保护工作，缓解误捕误伤、基础设施建设等对淡水豚生存造成直接威胁的行为，保护淡水豚栖息地。以下列举了一些具体的工作内容。

- 在全球范围持续进行淡水豚种群及其栖息地环境的监测。
- 协调当地政府和社区，保护淡水豚的栖息地。
- 在部分地区协助社区管理当地渔业，推广可持续渔业。
- 参与淡水豚的救援行动，营救被困或被误捕的淡水豚。
- 携手专家开发全球淡水豚保护地有效管理的国际认证标准（CA|RDS 即 Conservation Assured|River Dolphin Standards），将江豚保护地打造成淡水豚保护地管理的"模范地区"。
- 运用各种宣传教育手段，推广环境教育课程，让公众了解淡水豚，参与保护行动。

教学内容

1 引入
5~10 分钟

1.1 教师做开场介绍，说明今天的课程会邀请学生们进行一场特别旅行，有一群特别的动物朋友将带我们前往它们的家乡。

1.2 向学生展示 4 张淡水豚的照片，或者放映一段淡水豚的视频。询问学生，它属于哪一类动物？引导学生对该类动物的特征作出描述，并概括其共性，引出鲸豚类动物的概念。

1.3 教师启发学生思考它们的分布地，请学生通过一个活动寻找答案。教师提前准备 4 套资料，里面装有一张淡水豚的分布区域图（学生任务单中的区域地图）、亚洲地图和美洲地图。根据学生人数，平均分成 4 组，每组组长前来抽取一套资料。

1.4 拿到卡片后，请小组根据资料包中的线索，找到它们生活的流域名称，描述这类环境的特点。

答案：

地图编号	淡水豚分布的流域名称
1 号区域	亚马孙河、奥里诺科河
2 号区域	伊洛瓦底江、马哈坎河、湄公河
3 号区域	恒河、印度河、布拉马普特拉河
4 号区域	长江

1.5 教师对学生的环境描述进行补充说明。引导学生总结出河流和河口环境的特点。

1.6 教师可以总结说明这些动物属于鲸豚类动物，它们和大部分鲸豚类动物不同，生活在淡水以及咸淡水交界的河口中，所以我们将它们统称为"淡水豚"。本节课程将跟随这些动物，前往它们所在的区域，了解它们的故事。

时长缩短建议

教师可以将分组活动改为直接在 PPT 上展示 1~4 号区域地图，请学生总结这类鲸豚生活环境的特点。

2 构建
10~15 分钟

2.1 教师向学生详细介绍淡水豚的定义，即长期生活在淡水生态系统中的豚类动物，教师应强调淡水豚既有分类概念，又有生态概念，本课指的是生态概念。

2.2 教师说明本课程主要探讨的淡水豚共有 7 种。教师可以说明全球约 90 种鲸豚类动物，它们绝大部分生活在海洋，但有极少数豚类却生活在淡水和河口中，因此这些淡水豚在淡水生活环境中演化出了一些独有的特征。

2.3 教师介绍目前科学家关于淡水豚演化的研究观点，并启发学生思考在演化过程中，淡水豚是如何适应淡水环境的。教师可以启发学生思考海洋环境和淡水环境的差异，并以渗透压为例，请学生思考淡水豚和海洋中鲸豚类的可能差异。

2.4 教师可以播放一段淡水豚在城市内河中生活的场景视频，结合淡水豚生活区域的特点，进一步启发学生思考：与生活在海洋中的鲸豚类相比，淡水豚的生活可能会有什么差异？再进一步启发学生思考：淡水豚的生活区域也是人类活动频繁的区域，人类与淡水豚之间是否会彼此影响呢？教师收集学生的答案，不做评价。

时长缩短建议

教师可以适当控制与学生提问互动的时间。

3 实践
10~25 分钟

3.1 教师介绍实践任务，邀请学生进一步跟随线索，寻找到这 7 种淡水豚的名字、特点以及它们生活的状况。

3.2 教师发放线索卡。首先，邀请 7 位学生，每人上台随机抽取一张淡水豚物种卡片，扮演一种淡水豚，卡片正面为该物种的插画，背面为该物种的知识点。随后，再邀请 7 位学生，每人上台领取一张淡水豚简介卡，上面记录了该物种的名称、形态特征和习性等。最后，将其余的学生平均分为 4 组，每组随机抽取一张流域信息图，4 张流域信息图分别如下。

　（1）中国的长江流域。

　（2）东南亚的伊洛瓦底江流域、马哈坎河流域、湄公河流域。

　（3）南亚的恒河流域、布拉马普特拉河流域、印度河流域。

　（4）南美洲的亚马孙河流域和奥里诺科河流域。

3.3 教师给学生 10 分钟时间，请持卡学生根据卡片线索，进行互动匹配。请淡水豚扮演者（14 人）寻找到自己的所在流域（4 组同学）。在此过程中，淡水豚扮演学生与流域扮演学生可以互助完成匹配。游戏结束后，请淡水豚扮演者站在所属流域小组前。

注意：若是低年级学生，可将此活动分两部分进行。先邀请前 14 位同学

根据卡片的信息进行两两匹配，形成 7 组淡水豚扮演者。匹配完成后，将剩余学生平均分成 4 组，每组随机抽取 1 张流域信息图。再与 7 组淡水豚扮演者进行匹配。

3.4 教师检验匹配结果，邀请淡水豚扮演学生作为该地区的淡水豚大使，准备一段淡水豚及其家乡的解说词。教师说明本次旅行需要同学们带领其他小组的同学游览自己的家乡。淡水豚大使需要进行自我介绍，并且对自己家乡目前的情况通过解说、情境演绎等方式呈现。各区域具体的解说信息可通过资料获得，但是需要各小组进行小组讨论，筛选合适的内容并且进行归纳总结。

3.5 教师为学生提供海报纸和彩色水笔，请 4 个小组将总结的信息布置成一个展台。

时长缩短建议

教师可简化任务要求，请每组总结本组淡水豚的形态和生活习性特征以及生活环境状况。

---

4 分享
15~30 分钟

4.1 教师给所有学生 3 分钟时间，请学生自由前往各展台进行参观。

4.2 教师带领学生，依次前往每个展台，由该组的成员以淡水豚大使的身份介绍淡水豚和它的家乡，其他小组的同学以游客的身份聆听，也可进行互动问答。

4.3 各小组汇报完之后，教师请各组学员之间进行内容点评。

4.4 教师展示淡水豚全球分布图，结合卡片上提供的信息，引导学生分享这 7 种淡水豚生活区域的共同特点，讨论它们遇到的共同困境以及造成这些困境的背后原因。

4.5 教师介绍淡水豚在各自生活的流域中起着河流健康指示物种的作用，如果淡水豚种群能够在一片水域中繁衍生息，说明这一水域的生态系统较为健康；反之，如果淡水豚种群数量下降，就意味着生态系统出现了危机。而这些流域的生态系统不仅直接关系着湿地野生动植物的生存，也直接关系着当地人类社会的存续和发展。因此，以淡水豚为旗舰物种，保护其生境，就是在保护相关河流的生态系统，保护周边的人类社区和地方文化。

4.6 教师揭晓 7 种淡水豚的野外数量情况，概述其面临的生存危机，教师邀请学生为淡水豚保护出谋划策，同时举例分享近年来世界自然基金会在全球淡水豚保护方面所做的工作。

时长缩短建议

教师明确每组汇报的要点，并控制好汇报和点评时间。

5 总结
5~10 分钟

5.1　教师通过提问的方式，引导学生回顾淡水豚的种类名称及分布情况。

5.2　总结淡水豚所面临的生存威胁以及目前全球淡水生态系统出现的环境危机。

5.3　教师介绍"国际淡水豚日"，启发学生思考：今天的课程实践活动是否可以作为"国际淡水豚日"的一种活动？同时，教师呼吁学生们从自身做起，力所能及地参与相关活动，为保护淡水豚和淡水生态系统贡献一份力量。

6 评估

6.1　能够简要说出淡水豚的特征以及生活环境。

6.2　基本了解 7 种淡水豚的分布情况以及目前所面临的生存危机，了解各个流域淡水生态系统的现状。

6.3　认同保护淡水豚和淡水生态系统的理念，并愿意从自身生活开始做出改变。

7 拓展

7.1　内容拓展

深度拓展

若是时间充裕，可以鼓励同学们利用旅行资料卡上的信息，创作成小短剧，进行情境演绎。

请学生绘制一幅全球淡水豚家族创意海报或宣传作品，包括淡水豚的基本信息、形象特征、生活环境和野外数量等。

鼓励学生在"国际淡水豚日"组织一次宣传活动，请各组学生基于旅行资料卡和外部搜索资料，将解说词以小短剧的方式进行情境演绎，向全校师生或者社区居民呼吁淡水豚保护。

广度拓展

教师可以启发学生搜索全球鲸豚类的分布和分类情况，了解海洋内生活的鲸豚类的特征、习性和数量情况，并参考本节课的学习方式，选择一种鲸豚类，为其设计一幅海报。

跟着淡水豚去旅行 　　【学生任务单】

▲ 　1号区域

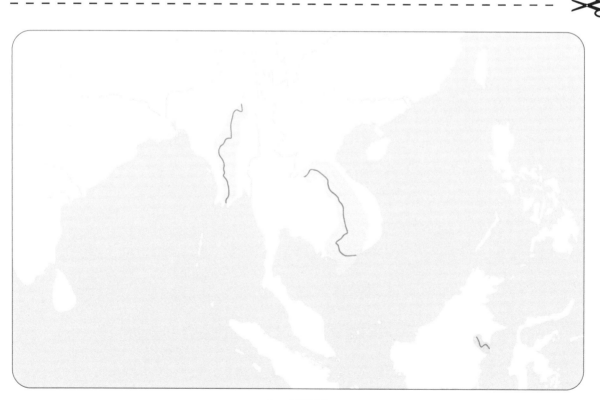

▲ 　2号区域

【学生任务单】

跟着淡水豚去旅行　　　　　　　【学生任务单】

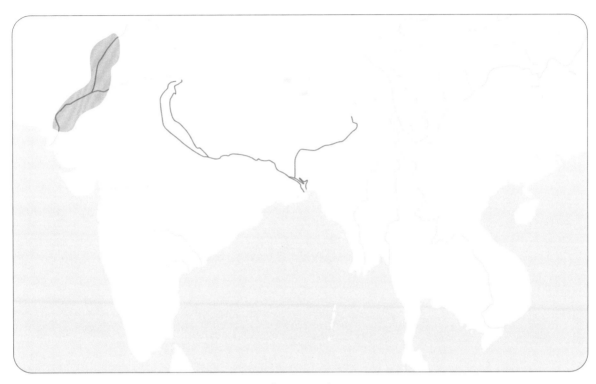

▲　3 号区域

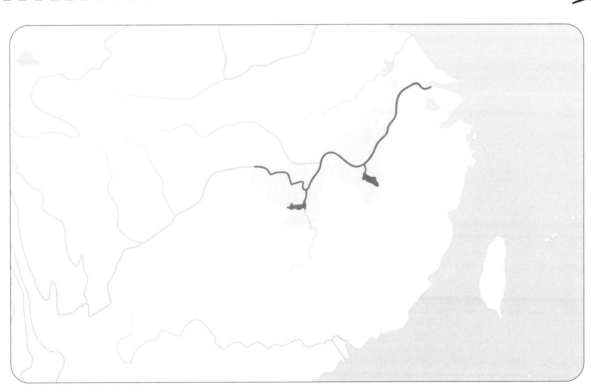

▲　4 号区域

跟着淡水豚去旅行　　　　　　【学生任务单】

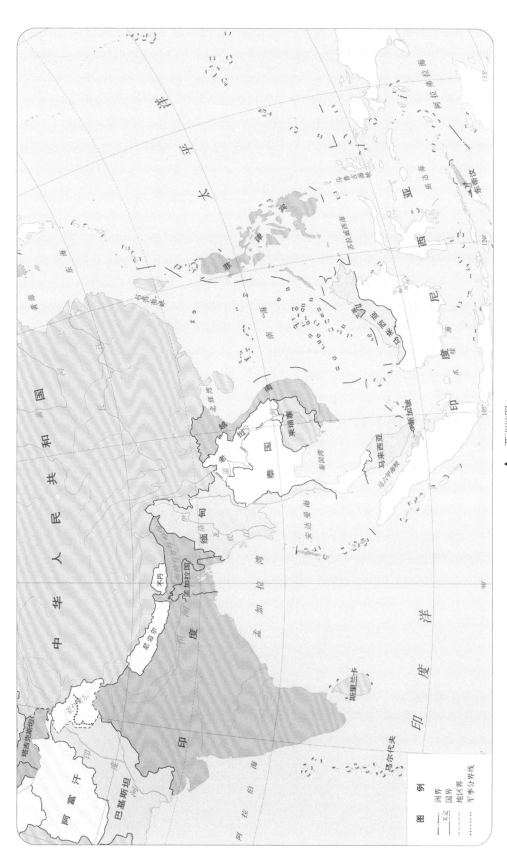

亚洲地图

跟着淡水豚去旅行　　　【学生任务单】

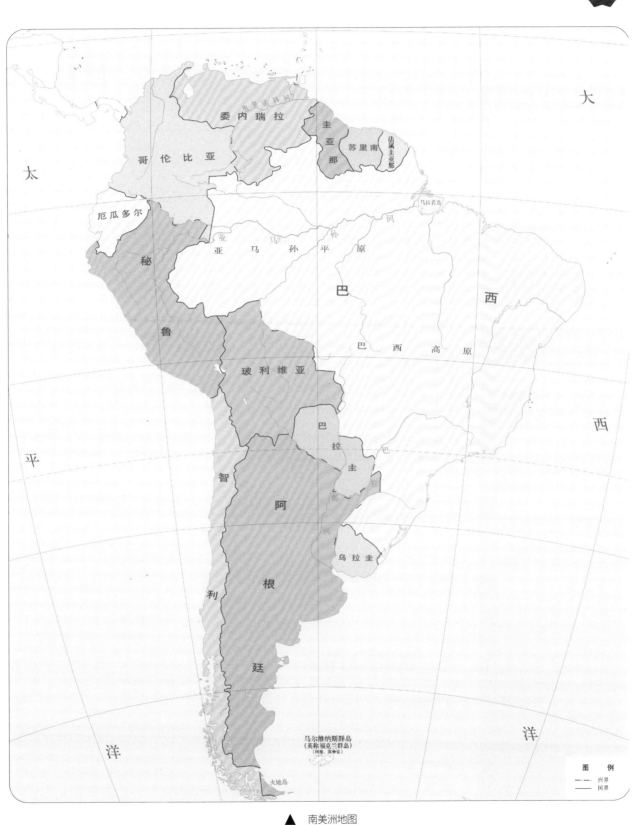

▲　南美洲地图

单元主题 1：微笑天使

03 江豚想吃好多鱼

授课对象	小学生
活动时长	45 分钟（90 分钟）
授课地点	室内外皆可
扩展人群	初中生、亲子家庭
适宜季节	春夏秋冬
授课师生比	1：1：（20~35）
辅助教具	PPT 课件、事件卡、眼罩
知识点	• 江豚捕食原理和方法 • 江豚主要的食物种类 • 江豚食物资源匮乏的原因 • 长江禁渔令

教学目标

1. 理解食物资源对物种生存和繁衍的必需性。
2. 能说出江豚的主要食物种类以及捕食原理和方法。
3. 能通过情境分析，说出江豚喜欢的捕食场所以及导致食物资源破坏的主要原因。
4. 知道长江"十年禁渔"的基本政策，理解其实施的必要性和重要性。
5. 愿意从个人做起，不食用长江野生鱼类，支持长江"十年禁渔"。

涉及《指南》中的环境教育目标

环境知识

2.1.4 理解生态破坏和环境污染现象，说明环境保护的重要性。

2.1.7 初步知道日常生活方式对环境的影响。

2.1.10 理解经济发展需要合理利用资源，并与生态环境相协调。

2.1.11 说出我国有关环境保护的主要法律法规。

环境态度

3.1.1 尊重生物生存的权利。

技能方法

4.1.1 学会思考、倾听、讨论。

4.1.4 评价、组织和解释信息，简单描述各环境要素之间的相互作用。

与《课标》的联系

1~2 年级

6.2.1 举例说出动物可以通过眼、耳、鼻等器官感知环境。

3~4 年级

5.6.2 列举动物依赖植物筑巢或作为庇护所的实例。

6.2.2 描述动物维持生命需要空气、水、食物和适宜的温度。

11.1.1 说出人类利用矿产资源进行工业生产的例子，树立合理利用矿产资源的意识。

5~6 年级

5.6.1　举例说出常见的栖息地为生物提供光、空气、水、适宜的温度和食物等基本条件。

6.2.1　知道动物以其他生物为食，动物维持生命需要消耗这些食物而获得能量。

7.1.1　举例说出动物在气候、食物、空气和水源等环境变化时的行为。

11.3.1　正确认识经济发展和生态环境保护的关系，结合实例，说明人类不合理的开发活动对环境的影响，提出保护环境的建议，参与保护环境的行动。

核心素养

理性思维、批判质疑、勇于探究、乐学善学、勤于反思、珍爱生命、社会责任、国家认同

教学策略

① 讲述　　　　⑤ 体验式

② 展示　　　　⑥ 讨论分享

③ 演示　　　　⑦ 社会调查

④ 问答评述

知识准备

江豚的主要食物

有研究表明，江豚是典型的"机会主义捕食者"，换而言之，它们吃什么取决于它们能捕捉到什么，只要喉咙能吞咽下去的它们都吃。其食物主要以长江中的鱼类为主，也包括河虾，以及螺蛳和淡水小贝壳等软体动物。

江豚擅长捕食体长 10~15cm 的小型鱼类。捕食对象会随着季节而变化，主要受到不同季节鱼类种类组成、优势种等因素影响，主要猎物为中上层鱼类，例如，短颌鲚、鳘、贝氏鳘和似鳊等，其次是鲫鱼、鲤鱼和鲇鱼等（图 2-19）。实在没有选择余地时，江豚也会吃全身有刺的黄颡鱼和光泽黄颡鱼。

江豚每日可以摄入相当于自身体重约 5%~8% 的食物，且存在显著的季节性变化。哺乳期的江豚每日摄食量可达到其体重的 10%。成年江豚的体重一般为 50~80kg，也就是说其摄食量可以达到每日 3~6kg。

战略合作伙伴
STRATEGIC
PARTNERS
WWF
ONE PLANET
一个地球

▲ 图 2-19　江豚的主要猎物照片（左图为餐，中图为似鳊，右图为鲫鱼）

声呐

根据回声定位的原理，科学家发明了声呐，利用水下声波特性，通过电声转换和信号处理，实现对水中目标探测、定位、识别和通讯。利用声呐系统，人们可以探知海洋的深度，渔民利用声呐来获得水中鱼群的信息。

人耳能听见江豚的声音吗？

正常人耳能听见的声音频率范围为 20Hz~20kHz。

齿鲸亚目动物除了能发出用于回声定位的超声脉冲声信号以外，多数物种如宽吻海豚、中华白海豚、白鱀豚等还能发出频率较低（5~20kHz）的纯音哨叫声（听起来类似"口哨声"），主要用于通讯和交流。但成年江豚个体很少发现会发出频率在 20kHz 以下的纯音声信号。也有研究显示，刚出生的江豚幼年个体会频繁地发出频率在 2~4kHz 的低频声信号。

江豚的捕食原理

同其他齿鲸动物一样，江豚依靠"声音"来判断自身位置和搜寻猎物，也被称为回声定位。江河相比海洋更加污浊，能见度低，江豚活动时极度依赖回声定位功能，因此它们进化出了比一般海豚更加发达的生物声呐系统。也正因常年生活在黑暗而浑浊的水环境中，高度发达的回声定位功能配合敏锐的听觉早已取代了眼睛的作用，所以江豚的双眼变得较小。

江豚能从鼻腔发出一种超声脉冲声信号，这种声音的频率在 20kHz 以上，峰值频率在 130kHz 左右，人类听不到。声信号从鼻腔中发出后，经过额隆的聚焦放大后投射出去，碰到障碍物和猎物等资源再反射回来，经过下颌后传到内耳，再经过大脑分析后，江豚可以准确地判断猎物的方向、距离、大小以及性质，并在大脑中描绘出周围的"听觉印象"，精准地规划自己的行动轨迹（图 2-20）。科学家发现，和其他鲸类相比，江豚发出的生物声呐频率极高，探测距离一般有几十米，有助于它们在浑浊的江水里捕食、联系同类和逃避敌害。

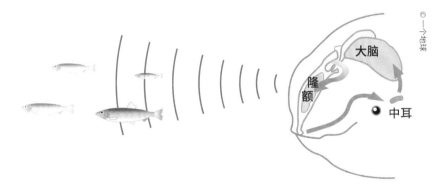

▲ 图 2-20　江豚利用回声定位的捕食示意图

江豚的捕食过程

江豚喜欢集体活动，在野外通常组成 2~3 头小群活动，然后组成大群。在比较集中的水域可以观察到十几甚至几十头的大群。它们通常成群游弋，发现猎物后集体进行围捕。捕食时，江豚通常在水体上部游动，从口腔中连续喷出 4~5 个水柱，然后突然转游或侧游冲向猎物，并在水面上掀起层层波浪。这时候，鱼群被江豚逼得无处可躲便会跃出水面，江豚则借机捕食。

江豚上下颌各有 20 对左右牙齿。每颗牙齿的形状呈平铲状，和海豚的圆锥状牙齿明显不同。在捕食过程中，江豚会用牙齿咬住鱼的身体，然后直接吞食，并不咀嚼。在水流湍急的长江中，江豚这样的进食策略可提高捕食的成功概率。江豚依靠 3 个胃将食物消化完，其排出的粪便在水中如同一阵烟雾。

噪声对江豚的影响

长江中下游干流是江豚的重要栖息地，也是人类活动频繁的区域。打桩、船舶、水下爆破等活动产生的水下噪声会干扰江豚的通讯和探测活动，影响江豚的行为，比如，江豚会因为栖息环境改变而被迫游向其他水域生活，或者因为导航功能失灵而误冲上岸滩致搁浅等，也可能会导致江豚的回声定位系统受损或致聋。尤其会对出生不到 100 天的幼豚造成伤害。当幼豚尚不能发出高频声音时，一旦和母豚分离，噪声可能会干扰幼豚寻找母豚，失去母豚照顾的幼豚，会因找不到母豚而受伤甚至死亡。

江豚的栖息环境

江豚经常出现在支流湖泊与长江的汇合处、弯曲的河段以及江心洲的头尾区域（图 2-21，图 2-22）。这些水域有一些共同的特点，包括坡度较缓，水流速度较慢，有机物质沉降丰富，河床底部为淤泥，沿岸的植被茂盛，浮游生物数量多等。这里常常可以看到大群的小型鱼类，所以江豚也喜欢在这里出没。

▲ 图 2-21 位于湖北监利的何王庙长江故道（牛轭湖）

▲ 图 2-22 江豚常常出现的近岸湿地

长江淡水渔业资源的变化情况及面临的问题

长江鱼类拥有极其丰富的物种多样性。长江流域目前共有鱼类 440 多种，其中，纯淡水鱼有 375 种，鲤形目鲤科鱼占了半壁江山。无论是鱼的种类还是数量，长江在中国甚至亚洲的大江大河中都是首屈一指的。因此，长江也被称为"中国鱼类基因的宝库""经济鱼类的原种基地"。

WWF
战略合作伙伴
STRATEGIC
PARTNERS
ONE PLANET
一个地球

长江渔业资源面临着过度捕捞、周围农业面源污染、拦河筑坝、挖沙采石和岸坡硬化等问题，这些都促使着长江的天然渔业资源在持续下降。流域水库群的建设和江湖阻隔等使得"四大家鱼"的自然种群急剧缩小；江湖阻隔、水体污染、过度捕捞等使得湖泊鱼类种类数已下降到30~50种，消失了近一半。近20年来，长江鱼类的天然捕捞资源下降了一半，这其中干流降幅达63.51%，鄱阳湖降幅达50.46%，洞庭湖降幅达46.7%。

根据2016年发布的《中国脊椎动物红色名录》，对394种长江鱼类的濒危程度进行了评估，结果表明，长江流域受威胁鱼类（包括濒危、极危和易危3个等级）多达90余种，占总评估物种的24%，其中，极危22种（如白鲟、长江鲟、中华鲟、川陕哲罗鲑、鲥、鳤、鲭等），濒危41种（如花鳗鲡、日本鳗鲡、秦岭细鳞鲑、鲈鲤、四川白甲鱼、威宁裂腹鱼、重口裂腹鱼等），易危32种（如厚颌鲂、方氏鲴、多鳞铲颌鱼、宽唇华缨鱼、四川裂腹鱼、齐口裂腹鱼等），另外，还有109种鱼类由于数据缺乏未能评价。2022年7月，《IUCN红色名录》更新，正式宣布白鲟灭绝，长江鲟野外灭绝。

- 过度捕捞：随着现代捕鱼技术的发展，长江渔业资源的捕捞量曾在20世纪50年代快速增加，干流捕捞量1954年达到43万t，之后长江流域的年渔业捕捞量开始下降。至长江十年禁渔前，长江干流渔业资源年均捕捞产量已不足10万t，仅占中国淡水水产品总产量的0.32%。

- 水体污染：中国人口有30%生活在长江流域，这里还聚集着大量工业企业，特别是重化工、能源、冶金等众多传统工业企业。长江流域所承载的排放基数大，环境风险高。以长江经济带为例，其面积仅为全国的21%，但废水排放总量占全国的40%以上，单位面积化学需氧量、氨氮、二氮化硫、氮氧化物、挥发性有机物排放强度是全国平均水平的1.5~2倍。重化工企业密布于长江流域，流域内30%的环境风险企业位于饮用水水源地周边5km范围内，全国近一半的重金属重点防控区位于长江经济带。

- 拦河筑坝：长江是由干流、支流及其附属湖泊组成的一个整体流域。这其中湖泊的水质营养高、肥沃，对维持长江的生物多样性起到了重要的作用。《2019年长江流域水生生物资源及生境状况公报》显示，截至2019年，长江流域已建、在建水电站（单站装机容量500kW以上，不含抽水蓄能电站）约1万座。长江的物质通量及水沙过程受到水库调节的影响，水系的纵向连通性受到明显影响。在长江中下游地区，拦河筑坝导致绝大多数湖泊和河道与长江干流失去自然联系，支撑长江鱼类生长的大部分营养在逐渐降低。

- 开采砂石：砂石是现代生活中的关键原料，生产水泥、玻璃和电子产品都需要用到砂石，而适合工业和建筑用的砂石绝大多数来自河流而非沙漠。

在长江中有大量作业的采砂船。采砂会严重破坏河道底部的生态环境，导致水体浑浊，造成大量的水生植物、底栖动物死亡。许多淡水鱼会将卵产在水草上，采砂导致水草减少，继而也导致鱼类失去产卵场所，降低繁殖率。除此以外，采砂船的作业还会产生巨大的水下噪声，严重干扰江豚这类依靠声呐系统活动和觅食的动物。

长江鱼类发育阶段及其生长规律

鱼类的寿命长短差异大，但鱼的一生都会经历卵（胚胎期）、仔鱼期、稚鱼期、幼鱼期、成鱼期和衰老期。目前，学术界对卵和仔鱼的阶段划分尚有分歧，一种观点是将出膜作为划分依据；另一种观点以开口摄食作为划分依据。稚鱼期的标准比较一致，鳞片开始出现即进入稚鱼期，直到鳞片完全长全后进入幼鱼期。幼鱼在外形上与成鱼没有多大差别，但是此时性腺还未发育成熟。成鱼已经具备繁殖能力，每年在一定季节进行生殖活动。长江流域内的大多数鱼类在春夏之交繁殖，秋季繁殖的鱼种类较少。鱼类中超过 50% 为鲤科鱼，它们的性成熟年龄一般为 3~5 年。

长江禁渔历程

面对渔业资源的衰退，早在 20 年前，农业部（现农业农村部）在长江流域就陆续划定了 53 个水生动植物自然保护区和 279 个水产种质资源保护区，涉及长江流域接近 1/3 的天然水面。虽然对种质资源保护起到了一定效果，但渔业资源的整体下降趋势仍未能逆转。

长江生态系统对维系中国的生物多样性和生态平衡、保障国家生态安全具有重大意义。面对千疮百孔的母亲河，2016 年 1 月，在重庆召开的推动长江经济带发展座谈会上，习近平总书记为长江治理开出了治本良方，提出要"共抓大保护、不搞大开发"，走"生态优先、绿色发展"之路。这一指导方针的提出，为长江生态环境修复注射了强心针，也为长江经济带发展指明了方向。

鱼类作为长江生态系统的重要组成部分，其多样性反映着河流的健康。在历经禁渔工作近 20 年后，农业农村部于 2019 年 12 月 27 日发布了《农业农村部关于长江流域重点水域禁捕范围和时间的通告》，正式开启长江为期 10 年的禁渔工作。十年禁渔是长江生态修复工程中的一项重要举措，其对于恢复长江生态系统健康，可持续利用长江渔业资源有着重要作用。

当然，十年禁渔只是长江生态修复工作中的一部分。生态系统的修复工作十分复杂，还需结合河流栖息地修复、严格管理污水排放、限制化肥农药施用量、闸坝阻隔的通江湖泊灌江纳苗以及强化自然保护区和湿地公园的建设和管理等措施。期待在各方共同推动下，长江生态系统得以修复健康，充分发挥其生态服务功能。

表 3-5 列出了重要节点事件。

▼ 表 3-5 长江禁渔重要时间节点及其事件

年份	事件
2002	在长江中下游试行为期 3 个月的禁渔期,在春季鱼类产卵季节实行禁渔
2003	"长江禁渔期制度"拓展为长江流域的整体行动,共涉及长江流域 10 个省(自治区、直辖市)、逾 8100km 江段。禁渔范围为云南省德钦县以下至长江口的长江干流、部分一级支流和鄱阳湖区、洞庭湖区
2016	延长长江禁渔时间,由 3 个月增至 4 个月,并扩大禁渔范围,覆盖长江主要干支流和重要湖泊 发布《关于赤水河流域全面禁渔的通告》,赤水河于 2017 年 1 月 1 日 0 时起全面禁渔,为期 10 年,为长江全面禁渔做准备
2017	发布《关于公布率先全面禁捕长江流域水生生物保护区名录的通告》
2019	发布《长江流域重点水域禁捕和建立补偿制度实施方案》 发布《农业农村部关于长江流域重点水域禁捕范围和时间的通告》,并将根据长江流域水生生物保护区、长江干流和重要支流除保护区以外的水域、大型通江湖泊除保护区以外的水域、其他相关水域四种情况,分类分阶段予以推进 (1)长江上游珍稀特有鱼类国家级自然保护区等 332 个自然保护区和水产种质资源保护区,自 2020 年 1 月 1 日 0 时起全面禁止生产性捕捞 (2)长江干流和重要支流除水生生物自然保护区和水产种质资源保护区以外的天然水域,最迟自 2021 年 1 月 1 日 0 时起实行暂定为期 10 年的常年禁捕,期间禁止天然渔业资源的生产性捕捞 (3)大型通江湖泊(主要指鄱阳湖、洞庭湖等)除水生生物自然保护区和水产种质资源保护区以外的天然水域,由有关省级人民政府和渔业主管部门确定禁捕管理办法,可因地制宜一湖一策差别管理,确定的禁捕区 2020 年底以前实行禁捕 (4)与长江干流、重要支流、大型通江湖泊连通的其他天然水域,由省级渔业行政主管部门确定禁捕范围和时间。禁捕期间,特定资源的利用和科研调查、苗种繁育等需要捕捞的,实行专项管理,具体办法由省级或国家渔业行政主管部门制定并组织实施
2021	《中华人民共和国长江保护法》自 2021 年 3 月 1 日起施行

2002 年，长江首次春禁取得一定成绩，但暴露出许多问题，此后长江禁渔期改为由政府组织实施（图 2-23）。春季休渔制度让大多数春季繁殖的鱼类得到了一定的保护，但休渔期结束后，捕捞行为马上恢复，甚至变本加厉，禁渔期被保护的渔业资源往往在解禁后短时间内被捕捞耗尽，甚至在禁渔期增殖放流大量鱼类也无法改变这一持续衰退的趋势。加之其他威胁的持续影响，渔业资源持续枯竭的趋势未被遏制，天然水域的水生生物现状并未得到有效保护。为此，在 2019 年末，农业农村部印发《农业农村部关于长江流域重点水域禁捕范围和时间的通告》，开始实施长江十年禁渔政策。

目前，长江流域内的鱼类普遍低龄，之所以暂定 10 年禁渔期，是希望能够让长江鱼类经历 2~3 个世代的繁衍，种群数量显著增加。

为了进一步保障禁渔工作顺利实施，以农业农村部为主的相关国家部门还陆续出台了一系列长江禁渔政策措施，让渔政管理更具权威性和说服力，也使得长江渔政管理进入新阶段。

但新阶段的长江渔政管理、渔政执法仍面临一定的挑战，如执法经费不足、执法难度大、责任主体模糊等。

© 何王庙长江江豚自然保护区

▲ 图 2-23 2015 年 3 月何王庙故道清障行动

十年禁渔与我们的生活

十年禁渔政策与我们生活的衣食住行息息相关，许多沿江人民的饮食、休闲娱乐活动、经济营生都受此政策的影响。例如，在禁捕范围和时间内，喜欢娱乐性垂钓的市民，原则上只允许一人一竿、一线一钩，不得使用船筏及各类探鱼设备，而且禁止交易在休闲垂钓中获取的鱼类。与长江干流、重要支流、大型通江湖泊连通的其他天然水域，由省级渔业行政主管部门确定禁捕范围和

"十年禁渔"会影响到人们吃鱼吗?

不会。每年长江流域的天然捕捞量仅占全国淡水水产品的 0.15%。与此同时,"四大家鱼"人工繁殖陆续成功,淡水养殖业快速发展,因此老百姓的餐桌并不会受到影响。禁渔不仅不会影响民生,而且对渔业资源恢复大有益处。

时间。如:四川省规定,每年 3 月 1 日至 6 月 30 日为禁渔期,亦不允许天然水域的休闲垂钓。

在餐饮行业,国家市场监督管理局在 2020 年发布公告,禁止交易来自已经实施禁捕的 332 个自然保护区和水产种质资源保护区非法捕捞渔获物,规定包括:

- 严禁采购、销售和加工来自禁捕水域的非法捕捞渔获物。
- 严禁采购、销售和加工无法提供合法来源凭证的水产品。
- 严禁对水产制品标注"长江野生鱼""长江野生江鲜"等字样。
- 严禁餐饮单位经营"长江野生鱼""长江野生江鲜"等相关菜品。
- 严禁出售、购买、食用长江流域珍贵、濒危水生野生动物及其制品。
- 严禁以"长江野生鱼""长江野生江鲜"为噱头进行宣传。
- 严禁为出售、购买、利用长江流域非法捕捞渔获物及其制品或者禁止使用的捕捞工具发布广告。
- 严禁为违法出售、购买、利用长江流域非法捕捞渔获物及其制品或者禁止使用的捕捞工具提供交易服务。

违反规定者可依法依规严肃查处,涉嫌犯罪人员需要移送公安机关。作为消费者,如发现上述禁止行为的,可通过 12315 热线或全国 12315 平台举报。

十年禁渔政策的实施效果

截至 2021 年 12 月,在农业农村部等相关政府部门和社会公众的配合下,禁捕水域非法捕捞高发态势得到初步遏制,退捕渔民转产安置基本实现应帮尽帮、应保尽保,水生生物资源逐步恢复,长江禁渔效果初步显现。

2021 年,渔政管理执法探索各种新模式,包括联合、跨部门执法、渔政监管向信息化和智慧型转变。据统计,15 省(直辖市)共开通举报电话 758 个,清理违规网具 26.2 万顶,查办案件 1.2 万起。

为了帮助退捕渔民顺利转产安置,中央和地方财政共筹措资金 260.12 亿元,主要用于捕捞证回收、退捕鱼船网具补偿、渔民过渡期补助、就业培训、购买社会保险等事项。截至 2021 年 11 月底,沿江 10 省(直辖市)重点水域需转产就业退捕渔民基数为 13.01 万人,99.97% 已落实转产就业;重点水域共落实社会保障 17.16 万人。同时,不少地区还将退捕渔民培训为护渔员,发挥他们的经验优势,支持渔政巡护工作。

农业农村部还陆续发布了系列文件:《长江生物多样性保护实施方案(2021—2025 年)》《长江水生生物保护管理规定》《长江流域水生生物完整性指数评价办法(试行)》《关于进一步规范长江流域水生生物增殖放流工作的通知》,以拯救珍稀濒危物种,健全完善资源监测网络,建立长江水生生物完整性指数评价体系，规范科学增殖放流，并通过设立长江口禁捕管理区，打通水生生物江海洄游通道。

持续监测显示，在 2017 年率先实施全面禁捕的长江上游一级支流赤水河，现在鱼类资源明显恢复，多样性水平逐步提升，特有鱼类种类数由禁捕前的 32 种上升至 37 种，资源量达到禁捕前的 1.95 倍。鄱阳湖、洞庭湖、湖北宜昌和长江中下游江段江豚群体出现的频率明显增加，20 年未见的鳡鱼在洞庭湖被重新监测到；长江溯河洄游型刀鲚能够上溯至长江中游和鄱阳湖，鄱阳湖溯河洄游型刀鲚单位捕捞努力量渔获量，即平均一个作业单位捕获的重量或数量，较禁渔前增长约 82 倍，数量占比较前者增长约 43 倍。多个迹象表明，禁捕以来，长江水生生物资源状况逐步好转，长江禁捕效果初步显现。

教学内容

1 引入
5~10 分钟

1.1 教师做开场介绍，询问学生没有吃饭有哪些不适反应？启发学生理解所有生命都需要摄取营养，而食物是我们的营养来源，对维系生命生存有着重要作用。随后，教师进一步询问学生江豚爱吃的食物有哪些。

1.2 教师在收集完学生答案后，不做评价，先组织学生开展互动游戏——江豚爱吃哪些鱼？邀请学生通过游戏寻找江豚最喜爱的食物。

1.3 教师向学生展示 6~8 种水生生物的图片，图片种类包括鱼类、河虾、螺蛳、水生昆虫、水生植物等。并在图片上标注生物名称，请学生通过举手投票方式选出哪些属于江豚的食物。在学生进行选择前，教师可以通过提示江豚的特征与习性，启发学生推测江豚的食物。

1.4 教师可以邀请几位学生分享理由，随后揭晓正确答案，并补充说明江豚是典型的机会主义捕食者。教师询问学生是否有抓鱼的经验，难度如何，引导学生思考江豚可能用什么方法来进行捕食，从而引出本次课程的主题，带领学生共同了解江豚捕食的秘密以及它们在野外的食物获得状况。

2 构建
10~30 分钟

2.1 教师展示一幅长江水下混浊的画面，请学生描述长江水下的环境，引导学生发现在这样的环境下，江豚很难依靠眼睛来寻找猎物。教师还可以展示江豚的小眼睛，说明江豚的眼部神经及肌肉并不是很发达，视力不太好。

2.2 教师启发学生讨论江豚用什么方式寻找猎物，随后展示江豚捕食的示意图或者动画，帮助学生理解江豚捕食的原理，说明江豚依靠高频回声定位，可以让其在浑浊的江水中准确地判断猎物的方向、距离、大小以及性质，并在大脑中描绘出周围的"听觉印象"。教师还可以通过生活中的例子，如在空旷的房间内说话有回声，或者在大山中喊话也有回声，帮助学生理解什么是"回声"。

2.3 教师邀请学生共同开展一个游戏，体验江豚捕食过程。
准备工作：首先，邀请 2 位学生扮演江豚母子。其次，邀请另外 3 位学生扮演江豚的食物——小鱼。最后，剩余学生手拉手，围成一个圆圈。
游戏规则：江豚母子需佩戴眼罩，在圈内捕捉小鱼。江豚可用声音来模拟江豚的超声发射和接收，扮演江豚的学生每次说"小鱼"，扮演小鱼的学生则需要回答"江豚"，声音不能过小，需要让江豚听见。江豚根据声音提示捕捉小鱼。这个过程中如果扮演江豚的学生的手碰到了小鱼或者小鱼出界即被判定为被捕捉到。当所有小鱼被抓完则游戏结束。如果学生人数过少，可以请外圈学生使用绳子围成圆形，尽可能让更多的学生有机会体验游戏。如果学生较多，可以适当缩小圈子的大小，降低江豚捕食的难度。

2.4 游戏结束后，教师请扮演江豚母子的同学分享他们扮演江豚的感受，在"捕鱼"过程中摸索到了哪些技巧？

教师启发学生思考，哪些因素对江豚捕食是有利的，哪些因素会影响江

2.5 豚捕食？

在这个阶段，教师只需要收集学生的答案，而无须进行点评，并邀请学生在实践环节中进一步探索。

时长缩短建议

可以不进行互动游戏，着重通过讲述的方式介绍江豚的捕食原理和习性。

---

3 实践
15~25 分钟

3.1 互动游戏：江豚与它们的食物。

3.2 游戏规则：教师提前将 4 张事件卡准备好。每张卡片上都描述了一个和江豚食物有关的推理事件，这些事件中有的有利于江豚捕食，有的不利于江豚捕食。教师将学生按照 3~4 人为一组进行分组。每组派一名组长上前抽取一张事件卡。组长不能让小组其他成员看到这张事件卡的内容。

3.3 组长向组员展示事件卡上的插画，并将事件信息朗读给小组成员，请小组成员分析并推理出内在原因。对于小组说出的原因，组长每次只能回答：是、不是或也许吧。如果小组无法说出正确答案，组长将依次提供线索，直到小组学生可以完成整件事的推理并总结在这个事件中，可以获得哪些关于江豚和它们的食物的信息。

3.4 事件卡答案。

事件 1 答案：江豚喜欢到食物丰富的地方捕食。它们通常喜欢在近岸，有天然的沙洲、水流平缓、河床下沉淀了丰富的淤泥、利于植物生长、生物量丰富的地方。

事件 2 答案：在长江十年禁渔前，长江采取季节性禁渔措施。江豚常常被渔民在水下设置的渔网而误捕。而十年禁渔后，这些情况都不再允许。

事件 3 答案：长江是工业用沙的重要来源地。而挖沙船作业时会破坏江底的生态环境，也会破坏水下植被，很多鱼类具有把卵产在水草丛上的习性，鱼类也会因此失去产卵地。

事件 4 答案：长江上游修建水坝后会导致洄游型鱼类无法回到产卵地繁殖，也会拦截上游的营养物质进入下游。并且，修建大坝的地区因为工程措施会对鱼类的产卵地造成一定的破坏。

时长缩短建议

控制每组推理时间，教师在各组内活动并适当给予指导，争取让每个学生都参与推理中。

---

4 分享
10~15 分钟

4.1 游戏结束后，教师请学生分享在游戏中是否有出乎意料的推理内容。随后，请学生分析江豚的食物资源受到哪些因素的影响，哪些是积极因素，哪些是负面因素，并且，除了卡片上提到的因素，还有哪些因素可能是被忽视的。

4.2 教师基于学生的回答，补充介绍长江渔业资源的历史变化以及渔业资源衰退面临的问题，包括过度捕捞、水体污染、涉水工程和采砂，等等。

4.3 对于高年级学生，教师可以进一步强调江豚捕食的鱼类主要是杂食性鱼类，处于食物链的中间，进一步启发学生思考：如果这部分的渔业资源减少，对长江生态会造成什么影响，从而引出保护江豚就是保护其他鱼类和它们所生活的环境，引出江豚是长江生态系统的伞护种，也是反映长江生态系统健康的指示物种。

4.4 教师说明江豚种群数量的下降客观反映了长江生态系统的退化。因此，为了保护长江，政府先后出台了多项举措，其中有一项就是长江禁渔。教师向学生介绍长江禁渔的历程，特别是 2021 年启动的十年禁渔的具体办法。注意，介绍禁渔政策时教师应避免学生误解十年禁渔是为了保护江豚而推出的政策。

4.5 教师应启发学生思考，普通人对十年禁渔可能会有哪些疑惑或者误解？教师可以针对这些问题予以解答，例如，学生可能会问"为什么是 10 年"，教师可以介绍十年禁渔的科学依据，学生还有可能问"禁渔后我们是否没有鱼吃了""禁渔后我们还能垂钓吗"等。

4.6 教师可以适当补充十年禁渔中出现的问题，以及现阶段的成效，也呼吁学生持续关注。

时长缩短建议

教师可以适当控制学生的分享时间。

---

5 总结
5~10 分钟

5.1 教师带领学生回顾课程重点，包括江豚的捕食原理和过程方法、江豚的食物种类。

5.2 教师请学生分享江豚食物资源受威胁的主要原因。

5.3 教师请学生分享个人如何支持长江大保护工作。

5.4 教师引导学生从个人做起，拒绝食用长江野生鱼类，保护长江渔业资源。

6 评估

6.1 学生能够从江豚的案例中，理解食物资源对生物生存和繁衍的必需性。

6.2 能够说出回声定位的基本原理以及江豚的捕食方法。

6.3 知道江豚是一种机会主义者，其食物类型包括小型鱼类、河虾和螺类。

6.4 知道长江渔业资源面临的主要问题以及十年禁渔政策。

7 拓展

7.1 内容拓展

深度拓展

教师请学生进一步搜集资料，绘制一幅长江渔业资源的时间变化图，进一步理解长江内渔业衰退的过程。

对于长江沿岸的学校，教师可以鼓励学生到菜市场里寻找江豚的食物，辨识这些鱼类及其特征，并用绘画或自然笔记的形式记录所观察到的结果。

广度拓展

教师可以请学生设计一项社会调查，了解所在地区公众对长江禁渔政策的知晓程度和理解配合情况。

7.2 形式拓展

如果时间允许，教师还可以将"江豚母子捕食记"进行形式拓展，请外围学生模拟对长豚捕食活动造成影响的其他因素，如航运噪声。

单元主题 2：把脉家园
04 江豚医院

授课对象	初中生
活动时长	45 分钟（120 分钟）
授课地点	室内外皆可
扩展人群	高中生及以上
适宜季节	春夏秋冬
授课师生比	1：1：(30~40)
辅助教具	PPT 课件、江豚受伤的图片、鲸豚玩偶、大浴巾、担架、渔网、救助情境卡
知识点	• 野生江豚受伤的原因 • 江豚的救护方法

教学目标

1. 知道可以通过观察体征，判断江豚的基本状态。

2. 知道江豚在野外生病和受伤的主要原因，其中，非自然因素受伤是主要原因。

3. 知道江豚需要救助时所表现出的主要状态特征。

4. 理解江豚救助的目的是为了让其恢复健康后重新回到野外。

5. 掌握公众处理受伤江豚的基本流程。

6. 了解专业救助的一般流程和基本知识。

7. 了解我国江豚野外救护的主要方法、责任单位、救护和转移过程中的注意事项。

8. 认同公众在江豚救护中可以发挥的积极作用，关注江豚的野外现状。

涉及《指南》中的环境教育目标

环境知识

2.2.4 列举一些物种濒危或者灭绝的原因，探讨物种灭绝对社会遗产、基因遗产等可能造成的后果。

2.2.6 了解人口问题的产生、发展和变化，分析影响人口问题的众多因素；探讨人口剧增给生态环境和生活质量带来的影响。

2.2.9 知道技术在推动经济与社会发展的同时，也可能给人类和环境带来一些负面影响。

2.2.10 理解发展经济不能以牺牲环境为代价，经济发展不能超越环境的承载力。

环境态度

3.2.1 珍视生物多样性，尊重一切生命及其生存环境。

3.2.2 关注家乡所在区域和国家的环境问题，有积极参与环保行动的强烈愿望。

3.2.3 愿意倾听他人的观点与意见，乐于与他人共享信息和资源。

3.2.6 树立可持续发展观念，愿意承担保护环境的责任。

技能方法

4.2.2 观察周围的环境，思考并交流各自对环境的看法。

4.2.5 在分析环境信息的基础上，设计解决环境问题的行动方案。

与《课标》的联系

初中生物

2.4.1　　我国拥有大熊猫、朱鹮、江豚、银杉、珙桐等珍稀动植物资源。

3.2.2　　人类活动可能对生态环境产生影响，可以通过防止环境污染、合理利用自然资源等措施保障生态安全。

核心素养

理性思维、批判质疑、勤于反思、珍爱生命、自我管理、社会责任、国家认同、问题解决

教学策略

①　讲述　　　　　⑤　体验式

②　展示　　　　　⑥　讨论分享

③　演示　　　　　⑦　问题解决

④　问答评述

知识准备

为江豚做体检

　　江豚作为长江生态系统的指示物种，其野外生理和健康状况、种群变化与长江生态系统的健康程度息息相关，直观地反映了长江的渔业资源水平和江豚受威胁情况。

　　在长江豚类自然保护区，为了了解江豚的身体健康、性比等状况，工作人员会定期对江豚做抽样体检。尤其是迁地类型的自然保护区，每5年组织一次全面的种群普查。这时，会对长江故道或者夹江内的所有江豚进行身体检查。体检时，兽医会采集江豚的生理数据，如年龄、性别、体长、体重、体围（颈围、腋下围、肛围、最大围）、皮肤检查，以及血常规和生化指标、B超影像、DNA基因组等精细检查，综合判断江豚的健康状况（表2-6）。除了生理指标以外，游泳、呼吸和摄食等行为学指标也是评价江豚健康与否的重要依据。通常自然保护区工作人员在巡护管理时对江豚的日常行为进行监测。如果江豚身体上有明显的伤痕、化验结果异常或者出现行为反常，则视为江豚的健康状况出现了问题，需要及时为其进行救助和治疗。

▼ 表 2-6　江豚体检时主要的观察和测量指标

检查事项	正常情况	异常情况
体长	成年江豚平均体长在 1.3~1.8m	过小
体重	成年江豚平均体重在 50~80kg（BMI 值在 16.13~29.51）。性成熟后，雌性江豚 BMI 的生理范围为 18.04~29.51kg/m²。雄性为 16.13~26.18kg/m²	过肥胖或过瘦
游泳行为	喜近岸分布，主要栖息于离岸 100~300 m 的近岸带；栖息于水深 3~9m 的水域，分布密度随水深的增加而减小；对于水的流速和透明度无明显的选择性；好集群，往往 2~3 头以上个体聚集在一起	离群独游、活跃性显著降低，抑或是其他异常行为，如主动撞击渔船等
呼吸行为	平均呼吸间隔为 12~20 秒	呼吸间隔时间异常、呼吸有杂音、呼吸音粗粝、"点头"呼吸和"垂直上浮"呼吸等
摄食行为	典型的动作发生为集群个体分开行动，以不同的方向出水并潜入，呼吸间隔较短，响声较大	食欲与捕食能力显著降低、体重下降超过 10% 等
皮肤光滑程度	皮肤柔软、光滑、反光	皮肤褶皱、无光泽代表营养不好；皮肤如果有外伤或者划痕则需要及时处理或观察分析

江豚在野外面临的主要威胁和可能受到的伤害

　　由于非法捕捞，修建水坝、防洪固岸、航道整治等涉水工程、高速发展的航运、湿地围垦等人类活动的加剧，长江适合江豚活动的区域越来越少，江豚遇到的危险也越来越多。据统计，2008—2014 年期间被人们发现的死亡江豚总数为 176 头，其中，被判定为非正常死亡原因的数量为 108 头。科学家分析认为，造成江豚非正常死亡的首要原因为航运，尤其是被船只螺旋桨打死的居多，占非正常死亡总数比例的 31.5%，其余主要因素包括非法捕鱼和饥饿，分别为 20.4% 和 13.9%（表 2-7）。

▼ 表 2-7 江豚面临的主要威胁和受到的伤害

江豚面临的主要威胁	对江豚带来的伤害
渔业资源衰退和非法渔业活动[1] 正常渔业活动以及在禁渔期或禁渔水域开展的捕捞活动，和使用禁用工具、方法的捕捞活动	长期过度捕捞及非法渔具的使用，破坏了鱼类资源，渔获物组成也日趋小型化、低龄化，渔获量严重下降，食物的短缺对江豚的长期生存造成威胁，可能导致江豚发生营养不良或死亡。渔民作业时使用的有害和非法渔具渔法，如滚钩、迷魂阵，甚至是毒鱼、炸鱼、电鱼等对豚类有直接的杀伤作用，常导致意外死伤
采砂 河沙是建设工程的重要施工原料，无序及过量的采砂作业导致江豚栖息地被破坏	采砂和运砂船产生的水下噪声可能会干扰江豚的声呐系统，导致江豚听觉系统受损，甚至船舶的螺旋桨会直接击伤、击死江豚
涉水工程建设 电站大坝、防洪护岸、航道疏浚、城镇扩张、码头建设、无序挖沙等涉水工程导致局部区域河流的水量减小、流动性变差，降低水系的环境承载能力和河流的自净能力	涉水工程建设使江豚的生存空间被分割压缩，江豚种群的直接遗传信息交流减少，造成江豚种群衰退
航运 长江是世界上最繁忙的河流，货运量居世界内河第一，船只以货运为主，客运为辅。其主要运力集中在长江中下游	长江航运的快速发展使长江水下的声环境已变得嘈杂不安，干扰江豚的声呐系统，这极易造成它们迷失方向、误判目标，使其捕食成功率降低。此外，船只在行进过程中，快速旋转的螺旋桨也常常使其受伤或死亡
水污染 长江沿岸工农业的发展和城镇的建设等活动导致大量的工业废水、农业排涝水以及生活污水流入长江，特别是其中含有的持久性有机污染物和重金属等物质很难被分解，会沿着食物营养级逐渐积累	江豚作为长江的顶级消费者，污染物会通过食物链在其体内积蓄。这会对它们的免疫、生殖、神经等系统产生损害，严重时甚至会危及生命
极端气候变化 极端寒潮曾导致长江江面大面积结冰。气候变化也会导致洞庭湖、鄱阳湖枯水期提前且持续时间长	极端低温天气会导致江豚的食物减少，江豚作为哺乳动物，需要定期出水呼吸。如果遇到大面积结冰，还会导致江豚无法出水呼吸而死亡。干旱导致水位下降，江豚食物减少，江豚易搁浅，甚至死亡

①该威胁因素在十年禁渔政策实施后已缓解。

极端气候中幸存的江豚

2008 年初，我国南方 14 省（自治区、直辖市）遭遇了 50 年一遇的极端寒冷天气。2月3日，长江天鹅洲故道水面几乎全部结冰，导致江豚无法浮出水面呼吸。湖北长江天鹅洲白鱀豚国家级自然保护区管理处得知此情况，立即出动船只，每隔一小时沿岸航行一周破冰，以确保江豚能够顺利换气。不幸的是，陆续发现有江豚因冰层破碎而导致皮肤被划伤，保护区积极开展救援行动，共救治了 22 头被划伤的江豚。另有 5 头，因皮肤严重感染而不幸死亡。

江豚自然搁浅的主要原因

江豚常在近岸捕食，容易进入浅水区而搁浅。生病的江豚也容易发生搁浅。

出生不久的小江豚因为方向感较弱，有时会脱离开母亲的庇护，也易在浅水区域搁浅。

受伤江豚的野外救护方法

江豚在野外生活时，往往因为搁浅、受伤或被困而死亡，这其中有一小部分是自然原因导致的意外或正常死亡，但更多的江豚受伤和死亡事件则是由人为因素造成的。目前，江豚受伤或死亡的主要类型包括被渔网缠绕、被船只撞伤、由于身体虚弱或疾病等原因不能游动而下潜，或者失去母亲抚育的幼豚等，针对不同的情况要进行不同的处理，才能够保证江豚及时得到救护。

江豚在受伤或被困后，往往由于受到惊吓而发生应激反应，这时公众不应在毫无指导下盲目开展对江豚的救护工作，而是应该及时联系专业人员进行处理。在江豚救助工作中，第一时间发现受伤和被困的江豚并及时进行上报和救护将大大增加江豚的存活概率。因此，公众学习一些基本的紧急救护江豚的知识对于野生江豚救助工作有着重要作用。下面主要分公众参与和专业救护两部分内容进行介绍。

（1）公众参与江豚救护

第一时间发现受伤江豚并及时进行适当处理，对于提升江豚的救助成功率非常关键。公众发现受伤或死亡的江豚，应第一时间拨打江豚救助热线、当地渔政部门或最近的长江豚类自然保护区电话通报，也可以咨询最近的水生生物科研机构和海洋馆。还有一种方法是直接拨打 110 报警。电话通报时根据对方工作人员的询问，提供受伤或死亡江豚的具体位置、受伤情况等详细信息。江豚救护专业性要求非常高，需由专人处理。如果需要及时进行救护，则应在工作人员指导下适当采取急救措施，千万不可以自行随意对江豚进行救护（图2-24）。

如发现江豚搁浅在沙滩，可将其呼吸孔朝上摆正，并在身体下挖个坑，减少地面对它的鳍状肢和腹部的压迫损伤。如在礁石区，可用软布托起整条江豚，放到安全的地方，等待救助人员的到来。还可以用一块布盖住江豚躯体，但不能盖住呼吸孔，用桶等能装水的容器装满江水并不停地浸湿软布，以免江豚出现皮肤脱水的问题，造成救助失败。

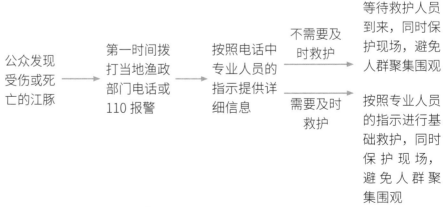

▲ 图 2-24 公众参与江豚救护的流程

（2）专业人员对江豚救护的方法

目前，江豚救护的专业部门和机构主要包括：发现江豚所在地的渔政部门、长江豚类自然保护区和科研机构（如中国科学院水生生物研究所、中国水产科学研究院淡水渔业研究中心）。

专业人员抵达现场后，在面对不同的江豚救护情况下，也有不同的处理方法，以下是几种江豚受伤后的处理方法（图 2-25）。需要注意的是，即使是受过训练的专业人员，在处理受伤的江豚时也应尽量轻柔地对待它们，防止江豚应激而造成二次伤害。在对江豚进行救护处理的同时，应有相关部门的工作人员维持现场秩序，防止因公众聚集对江豚围观和挑逗而造成对其的二次伤害。

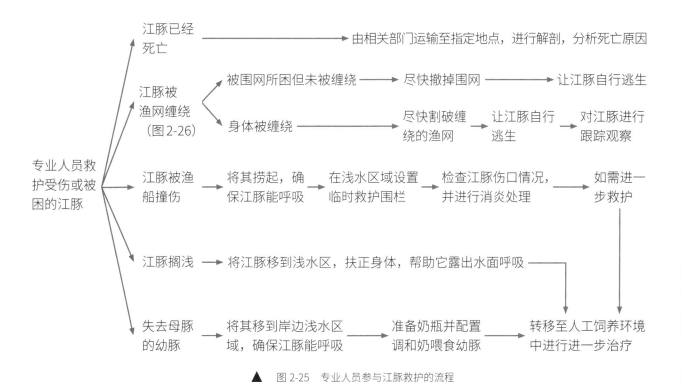

▲ 图 2-25 专业人员参与江豚救护的流程

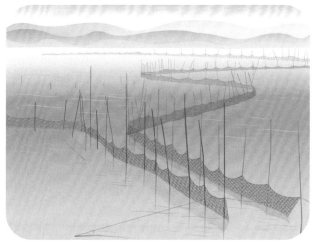

▲ 图 2-26 非法渔具示意图（左图为滚钩，右图为迷魂阵）

发现死亡江豚，该如何处理？

死亡江豚的信息和标本的收集非常重要，可以为科研和保护工作提供重要的信息，所以一旦发现死亡的江豚也要及时上报。

对江豚的基本信息进行记录，包括发现地点、发现时间、江豚大小、尸体情况等，同时将这些关键信息报告到当地渔政部门、保护区或江豚救护中心等有关部门。

（1）救护被渔网缠绕江豚的方法

在长江十年禁渔以前，渔网缠绕是造成江豚死亡的一个非常重要的因素。一旦江豚的身体被渔网缠住而不能浮出水面呼吸，几分钟内就会导致窒息死亡。

• 专业救护方法

如果在围网或迷魂阵中发现被困但没有被渔网缠绕的江豚，应尽快撤掉围网，让江豚自行逃生。应当注意的是，在撤网的时候应尽量轻柔，避免江豚受到惊吓后冲撞渔网造成窒息死亡。

如果发现江豚已经触网或被渔网缠绕，这时江豚一般会奋力出水呼吸，如果救护不及时就会造成其死亡。建议尽快利用手头的各种工具，将缠绕江豚的渔网割破，让其逃生。这种情况下应对江豚进行跟踪观察，看其是否能正常游泳，如果不能正常游泳，则应按对待搁浅、受伤江豚的方法进行救护操作。

（2）救护被渔船撞伤江豚的方法

被渔船撞伤的江豚一般身体上都有明显的伤口，其游动能力会受到影响，可能会被水流冲到浅水区。如果能将其捞起，可以采取一些紧急救护措施。

• 专业救护方法

设置临时的救护围栏。找一处坡度平缓、水深不超过 1m 的区域，用渔民的定制网临时布置一个约 10m² 的围栏。将江豚转移到围栏内，观察其泳动的动作和呼吸频次，防止江豚呛水，同时要做好观察记录。检查江豚身上的伤口，对伤口进行消炎和处理，同时为它注射广谱类抗生素（图 2-27）。

救护人员对江豚进行简单的野外救护后，会对受伤的江豚进行再次评估，如果认为需要进一步的观察治疗，则会联系中国科学院水生生物研究所将江豚运回人工饲养环境中进行治疗。在这期间，渔政部门应安排人员做好看护和观察工作，同时要防止人群围观和挑逗动物。

（3）救护搁浅的江豚的方法

生病的江豚一般身体虚弱，运动能力下降，常会漂浮于水面，游动缓慢，严重时会被浪冲到岸边，对外界的反应能力降低。因此对于生病、不能游动的江豚，建议采用以下方法进行救助。

• 专业救护方法

首先将江豚转移到浅水区，扶正身体，帮助它露出水面呼吸。救护人员最好同时联系专业救护机构，准备转移至人工饲养环境中开展进一步救护。

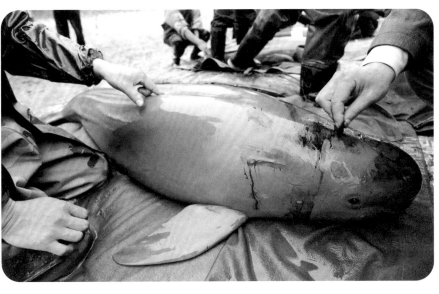

▲ 图 2-27 救护人员正在为受伤江豚紧急处理伤口

（4）救护失去母豚的幼豚的方法

江豚的哺乳期一般在 6 个月以上，幼豚如果在哺乳期失去母豚将是一件非常危险的事情。在野外如果见到身体虚弱，体型非常小的江豚幼豚，应采取紧急手段进行救助。

● 专业的救护方法

救护人员应将幼豚转移到岸边浅水区域，并将其头部抬出水面以便呼吸。

尽快准备婴儿奶瓶，用剪刀将乳胶吸头的孔扩大至 1mm，并将奶瓶在水中煮沸消毒备用。

购买新鲜的牛奶和酸奶，二者按 2∶1 的比例倒入奶瓶中混合。喂食频率建议每小时 1 次，每次 200ml 左右。

将幼豚头部轻轻托起，用奶瓶奶头刺激它的口部让其张口。幼豚张口后轻轻将混合乳汁缓慢挤入其口中，这样操作数次后幼豚一般会主动吸吮奶瓶吸头。

在进行以上紧急救护的同时，请联系中国科学院水生生物研究所，请求专业救护，并尽快将幼豚转移至人工饲养环境中开展进一步救护工作。

救护江豚的注意事项

在救护受伤江豚的过程中，运输、护理都要特别小心，尤其要关注以下几个方面。

1. 抱握姿势

✔正确的方法：用一只手臂从下面拖住江豚的胸部，另一只手从上面抱住江豚的后腹部，两臂前后交叉合抱（图 2-28）。

▲ 图 2-27 幼豚会和母豚一起生活 2 年，雌性幼豚的时间更长

✗ 错误的方法：过程中不要用手抓住江豚的鳍状肢，以免其脱臼受伤。也不能抓住江豚的尾部。不能同时用两只手从江豚的侧面将其抱起，这样很容易造成江豚挣脱受伤。

©中国科学院水生生物研究所

▲ 图 2-28 正确抱握江豚的姿势

2. 运输

短时间转运江豚时，一般用干的担架布将江豚放入布中，将其鳍状肢穿入担架布上的孔中（图 2-29）。将担架布对合，由两人以上进行运输（图 2-30）。

承担运输工具的担架布一般用软布料制成，尺寸 2m×1m，在相当于江豚鳍状肢的位置开 2 个椭圆形的孔，用于固定江豚的鳍状肢。每侧用担架杆支撑。

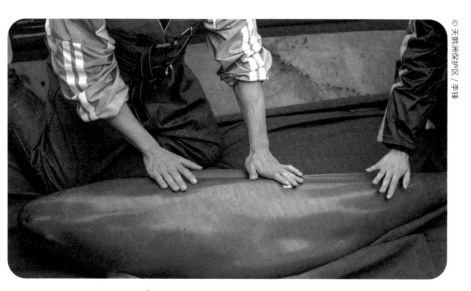

©天鹅洲保护区 / 李锋

▲ 图 2-29 将江豚安放置担架中

江豚法医

江豚法医可以从死亡江豚的身体上得到很多有科研价值的信息。

①鉴定性别：对体表特征观察，对口、鼻、眼、肛门、生殖孔、肚脐及皮肤等进行检查，记录体表的任何伤口以及可能的寄生虫，并要对伤口进行详细的描述。

②拍照存档：对尸体进行不同角度的拍照，尤其要对伤口、生殖系统等部位进行特写拍照，然后编号存档。

③分析可能死亡的原因：初步判断死亡原因，如果是渔具致死的，要判断可能致死的渔具。

④尸体的保存和处理：要进行尸体处理的主要目的是防止腐败的尸体携带病菌的进一步扩散。所以，发现者上报后，应由专人来处理。

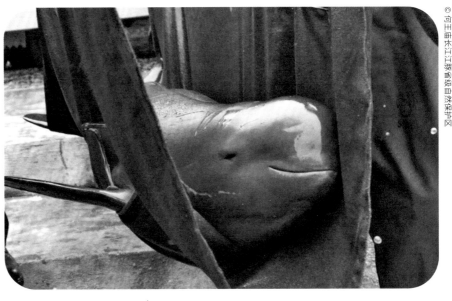

© 何王庙长江江豚省级自然保护区

▲ 图 2-30 短途运输江豚的方法

3. 护理

- 浅水中护理

如果在浅水区域护理江豚，应该主要关注江豚的呼吸和游泳状况。如果江豚不能正常游泳，则需要有人帮扶它保持平衡，并帮助它出水呼吸，严防它呛水窒息。

江豚的岸上护理一般是将它放在柔软且无坚硬石头的沙地上，如果有条件最好把它放在柔软的海绵垫上，以免江豚内脏受到过度的压迫。

从水中到岸上后江豚的皮肤容易脱水皱裂，它的鳍、头部等位置会积聚热量而发热，因此救护人员应该不停地给动物淋水（图 2-31）。淋水时要注意不要将水淋到江豚的喷气孔中。另外，如果有条件还可以用凡士林涂抹动物的全身，特别是背侧、鳍等处的皮肤，也可以用薄薄的湿布盖住江豚的身体，防止它皮肤的水分散失。

©WWF/ 李屹

©WWF/ 李屹

▲ 图 2-31 给江豚身体降温

武汉天兴洲江豚的成功救护

2013 年 12 月，在武汉天兴洲谌家矶夹江内发现 4 头被困江豚，由于该地区水位持续下降，渔业资源严重不足，如果放之不管，江豚会有生命危险。当地部门研究后决定对 4 头江豚开展救助，并将该群江豚移到湖北天鹅洲白鱀豚国家级自然保护区内生活。这样不仅仅是将该群江豚移至了一个安稳的居住环境，也可以改善天鹅洲江豚迁地保护群体的遗传多样性。这几头江豚至今都健康地生活在天鹅洲的水域内，并成功繁殖了下一代。

小心水霉斑！

江豚对水域质量要求高，如果水质环境差，它们身上很容易长出水霉斑，而水霉斑易造成江豚的肺部感染致死。

"江豚医院"在哪里

"江豚医院"只是一个泛指，它可以是在野外搭建的临时救护区，也可以是专业的救护场所。目前，我国的江豚救助工作，主要由长江豚类自然保护区和科研单位承担。

在发现受伤或搁浅江豚的现场，救护人员会评估是否需要就地搭建临时的"江豚医院"，如在浅水区设置临时围栏等。一般情况下，救护人员对江豚进行简单的身体检查和伤口处理后，会评估能否当场释放江豚。被认定为没有生命危险的江豚，在确保附近水域安全且条件适宜的前提下，会被直接放归；如果被认定为需要进一步观察和治疗，则救护人员会及时将江豚转移至距离最近的长江豚类自然保护区、海洋馆或其他人工饲养场所（图 2-32）。之后，救护人员会对江豚进行治疗和康复训练，经科学论证后，根据评估结果再将其放归至合适的水域中。

© 中国科学院水生生物研究所

▲ 图 2-32 "江豚医院"进行救护的江豚

江豚友好型航道

2019—2021 年，在万科公益基金会资助、世界自然基金会技术指导下，一个地球自然基金会联合扬州市江豚保护协会开展了长江扬州段江豚友好型通道公众倡导项目，旨在推动建立"江豚友好型航道"，以缓解高速发展的航运业给江豚带来的生存威胁。

江豚友好型通道项目提出建议：由长江航道、交通、海事、公安等相关政府职能部门在江豚重点分布水域的近岸 200~300m 范围内设置"江豚友好型航道"标识，规范航线，限制航速，对螺旋桨消音减频，加强船舶驳靠的水上治安管理、生活垃圾管理、沿岸工业园区水创新管理、小流域综合管理、涉水工程管理等，以水岸结合的办法，给江豚的生存开辟一条友好型生活通道。这将是给江豚保护多了一道安全保障。

教学内容

1 引入
3~10 分钟

1.1 教师开场介绍，询问学生野生动物会生病和受伤吗，动物生病和受伤了会怎么样。收集学生的答案。

1.2 教师向学生展示两段江豚的短视频（一段是健康的江豚在水下自由活动的画面，一段是受伤后得到救助的江豚的画面）。请学生观察并指出视频中江豚的状态是否存在异常，以及判断依据。注意，如果学生在分析时有困难，教师可以适当提供观察思路。

1.3 视频观看完毕，教师结合学生的回答情况，揭晓答案。请学生总结如何通过肉眼判断一头江豚是否健康。随后，教师进行补充介绍。

1.4 教师随后询问学生如果人生病了该怎么办，如果家里饲养的动物生病了该怎么办，从而引出"动物医院"的概念。

1.5 教师进一步询问如果野生江豚生病了应该怎么办，从而引入课程的主题"江豚医院"，邀请学生共同学习救助受伤江豚的办法。

2 构建
15~25 分钟

2.1 教师询问学生江豚为什么会生病。教师可以以人类比，启发学生思考，江豚生病可能有自然原因，也有可能有外部导致的非自然因素。教师可以让学生讨论什么是自然因素，什么是人为因素。在学生理解两者的区别后，将学生的答案分类整理在白板上。

2.2 结合引入环节播放的视频，请学生分析并回答：视频中的江豚为什么会受伤或生病呢？

2.3 教师根据学生的回答，通过图文介绍江豚在非自然原因下受伤所面临的主要威胁因素和受伤类型。教师还可以适当举一些江豚受伤的真实案例，结合公众发现的野外江豚死亡数据，帮助学生理解江豚受伤不是小概率事件，并且大部分是由非自然原因造成的伤害。需要提醒的是，教师在准备课件时，应考虑到学生的年龄来选择图文素材，避免使用令人不适的血腥照片。

2.4 教师请学生讨论，面对受伤的江豚是否需要人工干预，从而引导学生理解江豚作为国家一级保护野生动物，其野外种群因为人为活动受到很大影响，为了减少江豚种群的损失，应该进行积极救助工作，并强调救助的目的是帮助受伤江豚恢复健康，重新回归长江。

2.5 教师介绍在野外发现江豚的常见情况，并且引导学生思考和回答：遇到这样的情况，公众该怎么办？

2.6 教师通过图片展示，介绍针对不同情况的江豚，公众应该采取的救护措施。对于一些涉及肢体动作的方法，教师可以与助教进行合作，用豚类玩偶进行模拟演示。教师还可以适当补充关于专业人员救助的方法，使学生能够对整个救助过程有完整的了解。

2.7 教师启发学生讨论，为什么公众发现受伤江豚后要第一时间进行报警，由专业人员进行救助，使得学生理解江豚救助是十分专业的工作，江豚受伤后如果受到二次刺激，往往容易产生应激反应，需要专业的人员和设备进行救助，公众的盲目救助往往会起反作用。

教师在介绍野外江豚的救护工作时，可以只做简单的演示，并强调这是专业人员才能进行的救护，对于普通公众来说掌握发现受伤江豚后及时上报的渠道更加重要。

3 实践
10~30 分钟

3.1 情境表演：我是目击者。教师向学生介绍实践任务，请学生根据构建环节学习的内容，进行演示。教师将提供几种野外遇到受伤江豚的常见情境，请学生针对给出的情境问题进行应对方案的讨论，并通过戏剧表演的方式演示行动方案。

3.2 教师将学生平均分为 4 组，每组上前随机抽取一张情境卡片。每张卡片上有一张受伤江豚的场景以及相应的文字说明。请小组开展讨论，分析画面中的江豚处于什么状态，作为目击者应该采取哪些措施，并自行设计台词进行表演。

3.3 4 个情境说明和应对措施参考如下。

（1）画面中是一头被渔网缠绕的江豚：发现人首先应打电话向当地渔政部门或公安部门报警，等待专业人员到来。在电话中，发现人可根据对方指示观察江豚的运动情况和出水呼吸的状况，必要时应采取人工干预割破渔网，但这一过程中应十分小心，不要伤害或惊吓到江豚，以防止江豚出现应激反应或受伤。

▲　情境 1

（2）画面中是一头江边搁浅的江豚：发现人首先应打电话向当地渔政部门或公安部门报警，等待专业人员到来。根据对方指示观察江豚的运动情况和出水呼吸状况，必要时应下水扶正江豚身体，帮助它出水面呼吸。如果搁浅地太硬，还要防止地面或石头划伤江豚身体。

▲ 情境 2

（3）画面中是一头江边浅水区域受伤的江豚：发现人首先应打电话向当地渔政部门或公安部门报警，等待专业人员到来。根据对方指示观察江豚受伤、运动情况和出水呼吸的状况，必要时应扶正江豚身体保持平衡，帮助它出水呼吸。

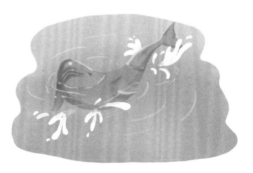

▲ 情境 3

（4）画面中是发现人在旅游时发现江边有一头死亡江豚：发现人应打电话向当地渔政部门或公安部门报警，并按照电话中对方的指示提供相关信息，包括但不限于发现地点、时间、死亡江豚的状态等，等待专业人员前来并积极协助提供详细的发现信息。

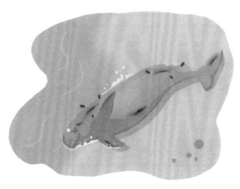

▲ 情境 4

3.4 每组有 10~20 分钟时间讨论、分配角色和设计表演，角色可以包括江豚、发现者、围观者、专业救护人员、威胁因子等。为提升舞台效果，教师可以提前准备一些道具，比如，渔网、江豚玩偶等，表演中注意将实际救助、放归等行为做出真实的表演。

时长缩短建议

如果因为时间关系无法进行表演，可以通过小组讨论的方式，准备应对方案。

4 分享
15~45 分钟

4.1 各组准备完毕后，教师请每组抽签上台进行表演，每组的表演时长控制在 3 分钟以内。

4.2 表演结束后，教师可以采访几位扮演不同角色的演员，请他们分享有怎样的感受和发现。随后，请各组学生对表演进行点评，指出哪些处理方式是得当的，哪些示范是错误的，哪些是有疑问的。

4.3 教师根据学生的讨论情况，带领学生对表演中反映出的问题进行澄清和总结，强调一些在野外救护江豚的注意事项。

4.4 教师可以启发并帮助学生理解，公众如果掌握了一定的江豚救助知识，就可以在发现江豚后做出正确的处理选择，进而提升江豚救助的成功率。

4.5 教师询问学生救助后的江豚该去向何方，类比救护车将病患运至医院进行抢救，自然引出"江豚医院"的概念，随后说明它只是一个比喻，目前并不存在某个实体"医院"，说明我国的江豚救助工作是以多个长江豚类自然保护区和研究机构共同承担的。

4.6 教师还可以激发学生讨论：如何能够减少江豚在野外非自然原因受伤的情况？学生可能会说出一些保护江豚的办法，如建立江豚自然保护区、减少水污染、禁渔，等等。教师在此处也可以补充正在积极探索的方法，比如，推广"江豚友好型航道"。

4.7 教师鼓励学生就此问题继续进行资料收集和相关研究，并讨论长江沿岸地区的公众如何参与江豚的救助工作。

时长缩短建议

如时间有限，可请各组学生代表上台介绍应对措施，并将每组学生的点评时间控制在 2 分钟以内。

5 总结
2~10 分钟

5.1 教师引导学生总结野生江豚非自然因素受伤的主要原因。

5.2 教师依次展示 3~5 题江豚救助的是非题，请学生对遇到受伤江豚后的处置办法进行是非判断。如果学生的答案是错误的，教师应该指出正确的做法。

5.3 教师鼓励学生积极参与江豚保护活动，将救助江豚的知识传播给家人和朋友，让更多的人一起了解江豚的救助工作。

---

6 评估

6.1 知道江豚健康的基本体征表现。

6.2 能说出 3 种以上江豚生病和受伤的主要原因。

6.3 能通过戏剧表演的方式，扮演普通公众，运用知识分析情境后对江豚进行基本的救助工作。

6.4 理解江豚救助的积极意义以及公众在江豚救助中发挥的作用。

6.5 愿意将江豚救助的理念和方法分享给更多人。

---

7 拓展

7.1 内容拓展

深度拓展

教师鼓励学生可以自行搜集江豚受伤或死亡的报道，结合数据对江豚野外受伤情况进行分析，撰写成调查研究报告。

教师可以引导学生在情境卡片内容的基础上，创作江豚救助剧本。通过自导自演的方式完成一部江豚救助的话剧。通过线上传播和线下活动举办，提升长江沿岸公众如何参与江豚救助工作。

教师可以组织学生前往江豚自然保护区或水生生物研究所进行参观，实地了解江豚救护中不同单位承担的工作内容，以小组的形式完成报告。

广度拓展

举办观影会，播放一些关于野生动物救助的纪录片，启发学生关注野生动物救助议题，了解人类活动对野生动物生活带来的影响。

启发学生从自己生活的地区开始，了解当地的野生动物救助单位和流程，收集一些野生动物救助的案例，制作一份本地野生动物救助手册，并进行宣传。

7.2 对象拓展

对于高年级学生或成年人，教师可以结合野外观察实践活动开展本课程。例如，可以实地前往 1~2 处曾经发现过受伤江豚的地方进行实地探访，分析评估该地环境现状对江豚的主要威胁程度并思考解决方案。

单元主题 2：把脉家园
05 千里寻江豚

授课对象
初中生

活动时长
45 分钟（90 分钟）

授课地点
室内外皆可

扩展人群
小学生、高中生、大学生

适宜季节
春夏秋冬

授课师生比
1：1：（20～30）

辅助教具
课件 PPT、海报纸、粗头水笔、口哨

知识点
- 江豚科学考察调查方法
- 江豚喜欢出没的生境类型
- 江豚种群数量

教学目标

1. 知道开展江豚科学考察的目的。
2. 能够说出近年来江豚种群数量的变化情况及其背后的原因。
3. 激发对科学考察活动的好奇，关注江豚野外科学考察工作。
4. 知道开展江豚野外科学调查的基本方法。
5. 知道江豚日常活动习性以及活动区域的生境类型。

涉及《指南》中的环境教育目标

环境态度

3.2.2　关注家乡所在区域和国家的环境问题，有积极参与环保行动的强烈愿望。

技能方法

4.2.1　分析技术在环境保护中的作用及其局限。

4.2.3　围绕身边的环境问题选择适宜的探究方法，确定探究方位，选择相应的调查工具。

4.2.4　依据环境调查方案，搜集、评价和整理相关信息。

与《课标》的联系

初中生物

3.1.2　生态因素能够影响生物的生活和分布，生物能够适应和影响环境。

3.2.2　人类活动可能对生态环境产生影响，可以通过防止环境污染、合理利用自然资源等措施保障生态安全。

核心素养

勇于探究、乐学善学、信息意识、社会责任、国家认同、技术运用

教学策略

① 讲述　　　　　④ 体验式

② 展示　　　　　⑤ 讨论分享

③ 问答评述　　　⑥ 研究综述

知识准备

豚类野外考察的方法

目前，豚类野外考察主要采取目视观察和声学考察两种方法。目视法根据豚类每隔一段时间需要出水呼吸的习性而设计。考察人员借助望远镜即可通过肉眼观察到出水呼吸的江豚，并对观察数量进行记录统计（图 2-33 左）。而声学考察则是借助专业的声学设备，记录水下江豚发出的高频回声信号，通过分析信号的脉冲间隔和声强变化的平滑性，识别江豚的回声定位信号，并进一步确定发出声音的江豚数量（图 2-33 右）。

©WWF / 郝玉江

▲　图 2-33　目视观察（左）声学考察（右）

长江淡水豚类科学考察

为全面准确评估濒危物种长江淡水豚类的种群现状以及它们的栖息地环境，为开展物种保护提供科学支撑，中国政府、科研院所和社会组织等分别于2006（表2-8）、2012 年和 2017 年（图 2-34），进行了 3 次长江淡水豚类（白鱀豚和江豚）全分布范围考察活动。其主要内容包括寻找生活在长江内的白鱀豚和江豚，并统计其在各区域分布的野生种群数量，以及调查水环境质量、航运及渔业捕捞现状、河岸带栖息地质量和水下噪声监测等在内的栖息地环境质量。

环境 DNA（脱氧核糖核酸）用于江豚监测

环境 DNA（environmental DNA，eDNA）技术能在不接触生物的同时，准确、灵敏地检测出低密度水生生物的存在，也可以评估一定水域中目标物种的生物量。科研人员正在研究该技术应用于长江江豚的分布调查与栖息地监测的可行性，以为长江江豚种群调查提供有效辅助检测工具。

用微卫星指纹识别江豚个体

微卫星标记是目前广泛应用的一类 DNA 分子标记。长期以来，江豚个体水平的信息较难获取。科学家正在使用微卫星指纹识别技术来对天鹅洲的江豚个体进行识别。DNA 指纹可以反映的物种 DNA 水平遗传变异特征终生不会丢失，因此可以用于个体识别。

▼ 表 2-8 2006—2017 年长江豚类科学考察数据

考察年份	2006 年	2012 年	2017 年
考察日期	11 月 6 日至 12 月 13 日	两湖：10 月 23 至 30 日 长江干流：11 月 11 日至 12 月 24 日	长江干流：11 月 10 日至 12 月 17 日 两湖：12 月 22 至 30 日
考察行程	宜昌—上海段长江干流，往返 3400km	宜昌—上海段长江干流，往返 3400km，以及鄱阳湖和洞庭湖	宜昌—上海段长江干流，往返 3400km，以及鄱阳湖和洞庭湖
江豚总数量（头）	1800	1040	1012
长江干流内数量（头）	1225	500	445
鄱阳湖数（头）	400（根据其他调查分析得出）	450	457
洞庭湖数（头）	150（根据其他调查分析得出）	90	110

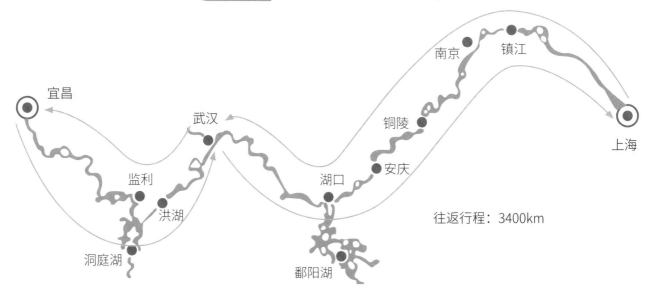

往返行程：3400km

▲ 图 2-34 2012 和 2017 年长江豚类科学考察路线

科学家估计 20 世纪 90 年代江豚的种群还有 2700 头，到 90 年代末已下降到 2000 头左右。从三次淡水豚科学考察结果可以看出，20 世纪 90 年代初到 2006 年，江豚种群在整个长江干流中的下降速度是 6.4%，但 2006—2012 年，下降速率已达到 13.7%，快速增长的下降速率表明长江生态环境的恶化趋势已经愈发明显。

2017 年与 2012 年调查相比，江豚种群数量没有显著性变化；江豚斑块化分布现状没有改变；主要的生存威胁没有变化，依然是水域污染、工程建设、航运发展、过度捕捞、非法采砂，等等。整体来看，江豚种群数量大幅下降的趋势得到遏制，但其极度濒危的状况没有改变，依然严峻。江豚种群数量大幅下降的趋势得到缓解，表明就地保护有希望，保护工作任重道远、刻不容缓。

江豚科学考察的季节选择

江豚的分布会随着水域面积变化而呈现分布变化。每年冬季，长江进入枯水期，长江内水域面积减小，江豚的可活动面积也随之减少。此时开展江豚科学考察，可以获得更多的江豚野外分布数据，最终的调查结果也会更精确。同时，每次科学考察选择在相近时间段进行，也有利于进行科学考察历史数据的比较与分析。

江豚经常出没的水域特征

在科学考察中，从宜昌—上海段长江干流以及鄱阳湖和洞庭湖的水域，均是调查范围。但是，调查中也发现，在这些水域中，江豚会偏好某些区域进行活动。例如，有缓坡和自然岸线的地区（图 2-35）。这些区域往往存在大型回水区，水流缓慢、底质为淤泥、河床坡度平缓、水生生物资源丰富。但是，在长江中下游干流区域，航运密度高，占据了水体空间，而且产生的水下噪声对江豚互相之间的沟通和觅食产生严重干扰，容易导致江豚找不到食物，甚至造成江豚母子失散的情况。所以，在这些航运繁忙的地带，江豚更喜欢在沙洲附近出现，以躲避航运带来的干扰。除了长江干流，鄱阳湖和洞庭湖也是江豚喜爱的栖息地。这里鱼类资源丰富，能为江豚的生存、繁衍提供良好的环境条件和食物基础，是江豚重要的栖息地。

此外，2012 年调查发现，由于长江干流渔业资源快速下降，食物的缺乏是导致干流中的江豚数量由 2006 年的 1225 头，下降至 2012 年的 500 头的主要原因之一。江豚更多地出现在一些没有通航的夹江和汉道中。此外，考察人员还意外发现充满危险的航运码头也吸引了江豚前往，原来是船员倾倒的剩饭剩菜吸引了小鱼小虾，而江豚为了食物，也甘愿冒着危险前来。

▲ 图 2-35 江豚喜欢出没的环境

野外考察需要准备的船只和工具

船只的选择：在对干流考察的时候选用船况较好、较新的渔政船。渔政船是渔政部门用于水上巡逻使用的船只，相比普通船只，它具有更大的观察平台，也具备了良好的生活条件和后勤准备。此外，较大的渔政船一般内部都会有会议室，方便科学考察人员随时进行交流和讨论。而在对夹江等相对较窄的水域考察时，一般使用渔政小艇；在鄱阳湖和洞庭湖进行考察时，一般会租赁当地的渔船。

考察装备和工具：冲锋衣、雨衣、急救设备（急救箱、救生衣）、望远镜、对讲机、声呐监测设备、采集水样设备、照相机、记录表、笔、帽子、手套、生活用品等。

长江豚类科学考察采取的方案

1997 年以前，科研人员主要采用单船或多船流动直接计数的方式对长江豚类的分布和种群数量进行调查，然后根据调查结果进行数量估计，始终无法较为准确地了解淡水豚的分布、数量和活动规律。

在国际上，海洋鲸类动物的种群数量调查主要采用截线抽样法等目视考察方法。但这一方法在相对狭窄且人类活动较多的江河水域中的应用存在一定困难。此后，中国科学院水生生物研究所在经过多年的探索研究后，针对长江淡水豚类生活在带状河流生态系统的环境特征，和其个体绝大部分时间生活在水体里难于观察的生物学特性，开发了适用于河流的截线抽样考察理论和方法。并结合对江豚声信号特征的深入研究，开发了适用于小型齿鲸种群监测的被动声学仪器以及考察的理论和方法。

在三次长江豚类野外科学考察中，均采取了目视和被动声学相结合的考察方案。考察时，两艘考察船中一艘负责南岸，另一艘负责北岸，且两船之间前后相距 5~10km，以保证数据的独立性，两船均保持距各自岸边约 300m 的距离航行（图 2-36）。

▲ 图 2-36 两艘科学考察船同时进行考察

在船只航行中，科学考察人员采取目视法对江豚进行观察。观察员在考察船的观察平台上的 3 个位置轮换观察。3 个位置分别是左边观察者、数据记录员和右边观察者，每 30 分钟轮换一次。左边观察者负责 −90°~10° 的水域，右边观察者负责 −10°~90° 的水域，数据记录员负责记录工作，同时也用望远镜或肉眼在船前方 180° 范围内搜寻江豚和白鱀豚（主要是观察船近处）。另外，还

▲ 图 2-37 正在进行目视观察的考察人员

会由 1 名野外观察经验丰富的人员担任独立观察者。独立观察平台位于主观察平台稍后方，且平台高度略高，以保证独立观察者的视线不被前方的主要观察者遮挡。独立观察者使用望远镜观察，且仅对被主要观察平台漏掉的动物进行记录。

声学考察则采用已成熟的被动声学考察技术监测江豚在长江干流和两湖水域的分布模式，并尝试估算江豚的种群数量，得到的结果可以和截线抽样法相互对照。

考察人员将声学监测设备在考察船尾放入水中，在对长江干流进行考察时每隔 50km 进行数据采样。如果在保护区等重点水域开展考察时应单独监测数据。

江豚科学考察中的公众和媒体开放日活动

为了及时准确地传递江豚科学考察中的关键信息、吸引社会关注、鼓励社会参与、宣传江豚保护及长江大保护的理念，在进行正式科学考察的前后和中间，会安排一系列的公众和媒体开放日活动（图 2-38）。其中，重要的活动包括公众开放日、科学考察启动仪式、半程社会慰问和科学考察发布会等。

▲ 图 2-38 结合江豚科学考察的公众及媒体活动

教学内容

1 引入
5~10 分钟

1.1 教师开场介绍，询问学生长江中生活着多少头野生江豚。

1.2 待学生回答完毕后，教师揭晓最近一次豚类科学考察的数据。

1.3 教师询问学生，人们是如何获得江豚数量的，从而引出长江豚类科学考察工作。

1.4 教师进一步引出课程主题，说明本节课程将带领学生具体了解江豚考察工作，学习科研人员如何调查江豚的数量。

2 构建
10~25 分钟

2.1 教师通过图片或视频向学生展示江豚的生活环境及分布情况。观看完毕后，请学生试着概括江豚生活的环境特点，如水下浑浊、视线不佳、分布范围广等。

2.2 随后开展头脑风暴活动：将学生分成若干组，每组 3~6 人，请每组用 5~10 分钟，根据已掌握的江豚信息及其生活环境、习性等相关知识，设计江豚调查的科学方法，将这些方法记录在海报上。如果学生没有头绪，教师可以提醒学生运用江豚的习性特征开展调查方法的设计。

2.3 教师收集学生的设计思路，从中找出比较接近真实调查的方法，邀请该组代表进行分享。

2.4 教师对学生的设计表示肯定，随后简要介绍江豚需要定期出水呼吸的习性，引出科学家根据江豚这一特性采取目视观察的考察方法。教师可以播放一段江豚在野外环境出水呼吸的视频，请学生说出其中江豚的数量，确保学生理解科考时采用目视法的原因。

2.5 当学生了解基本的观察原理后，教师进一步组织学生通过脑力接力的方式，探索江豚科学考察的目的及所需工具。

方法：教师将学生分为 4~5 组，请每组按一字纵列面向黑板排列。每个小组的第一名学生需距离黑板 3m。如果现场没有黑板，教师可以提前将 A0 大小的海报等距离贴在墙上。

教师依次提问：

（1）开展江豚科学考察的目的是什么？

（2）江豚喜欢在哪种环境出没？

（3）准备一次野外江豚考察需要哪些工具？

学生每听到一个问题后，各小组每个人依次上前撰写答案，待上面一个人回到出发线后，下一个人再出发。每人每次只能写一个，写完后回到队伍的最末端。组内接力答案不可以重复，各组之间也不能互相借鉴答案。

战略合作伙伴
STRATEGIC
PARTNERS
WWF
一个地球
ONE PLANET

时长建议：每轮 2~3 分钟，具体时间长度由教师根据学生人数来把控，确保每个学生都有 2 次写答案的机会。

2.6 完成接力赛后，教师带着学生一同回顾各组的答案。该过程中教师可以采访几位学生对撰写的答案进行说明，随后补充 3 个问题的答案。

时长缩短建议

教师可以将脑力接力的活动改为直接提问的方式进行。

---

3 实践
15~25 分钟

3.1 互动游戏：江豚科学考察模拟赛。

3.2 准备工作：教师将学生分为两组。A 组扮演江豚，B 组扮演科研人员。两组互换。

游戏规则：教师首先将 A 组同学请到教室外，或者一个有遮挡的空间，确保 B 组无法看到 A 组。A 组通过内部讨论，选出几名学生扮演江豚。讨论完毕，扮演江豚的学生进入教室，他们可以在教室内自由移动，但只能待 30 秒，时间到了之后教师吹哨提醒其离开教室。B 组成员需要尽可能将他们观察到的 A 组成员的数量和姓名记录下来。出来的 A 组成员，可以通过增加和减少人员的方式组成新的"江豚小组"，他们将再次进入教室。和前一轮相同，他们可以在教室内自由游走 30 秒（具体时间教师可根据学生人数进行调整）后出来。如此进行 3~4 轮。B 组成员需要记录下他们观察到的 A 组成员的姓名，并说出累计观察到的"江豚"的总数（即每轮"江豚"数量之和）。

注意：对于高年级学生，教师可以适当增加游戏难度。

3.3 请扮演江豚的学员同时模拟江豚的行为和小社群。观察小组不仅仅统计个体数量，还需要将观察到的行为进行记录。如果时间充裕，两组队员可互换角色进行活动。

3.4 游戏结束，科研人员小组公布观察到的江豚数量，江豚小组进行数据核实。若是高年级学生，游戏结束后，科研人员小组需公布观察到的江豚数量及其行为，并邀请扮演江豚的学生上台展示其活动中的模拟行为，将再次观察到的信息与记录信息进行比对。

时长缩短建议

教师可通过控制扮演江豚的学生进入教室的次数和在教室内停留的时间，减少时长。

4 分享
10~20 分钟

4.1 游戏结束，教师采访扮演科研人员的学生：在这个游戏体验中，遇到了哪些困难？学生可能会说到不确定是否和其他同学之间存在重复计数，或者江豚跑得太快，无法准确记录下来，或者有遮挡，等等。

4.2 随后，教师说明这都是在实际江豚科学考察中遇到的挑战，因此如何制定一个科学的调查方案非常重要，并且鼓励学生提出一些解决方案。

4.3 教师结合图片或者视频介绍江豚科学考察中采用的调查方案，包括采用截线抽样的目视法和被动声学考察法，通过声学设备记录水下江豚的回声定位信号，通过结果比较以减少误差；选择枯水期进行调查。教师还可以邀请学生上台进行演示，配合讲解。

4.4 教师介绍历年江豚考察的路线和结果，说明目前江豚的种群变化趋势，强调江豚保护的重要性，并请学生尝试分析造成这一结果的原因。

时长缩短建议

教师可以适当简化说明科学考察方法。

5 总结
5~10 分钟

5.1 请学生发言回顾进行江豚野外考察的目的。

5.2 请学生回答在江豚科学考察中运用的科学考察方法以及它们的好处。

5.3 除了为科学保护的目的之外，江豚的科考活动还可以发挥什么作用？

6 评估

6.1 能说出开展江豚野外考察的目的和调查原理。

6.2 知道江豚的生活习性和栖息环境。

6.3 理解江豚科学考察中的难点，能够用自己的语言介绍目前我国采取的长江豚类科学考察方法。

7 拓展

7.1 内容拓展

深度拓展

教师可组织学生前往江豚栖息地，开展一次野外江豚考察活动。正式出发前，请学生完成一份江豚考察的方案设计，包括考察目的、内容、设

备工具、考察方法、记录表格，等等。考察结束后安排学生分组进行结果汇报，并将考察结果做成海报在学校和社区内进行宣传。

广度拓展

鼓励学生运用本节课的内容，通过资料研究方式，了解鲸类的调查方法。尤其可以了解在中国海域分布的鲸类动物，以及与之相关的科学考察活动和结果，思考海洋鲸类动物调查与江河鲸类动物调查方法的相同点和不同点。

7.2 对象拓展

本课程实践环节的模拟游戏适用于小学高年级以上人群。当学生为小学低年级或亲子家庭人群，或者参与人数过多，没有合适的场地条件时，教师可以采用以下方案进行替换。

游戏名称：江豚会去哪儿？

规则：教师给每个学生发放一张图片（见学生任务单），请学生在学生任务单的图中找出可能最容易观察到江豚的地方，并圈出对应的数字编号，思考背后的原因。随后，教师可邀请每个学生分享一个答案，并说明原因，最后进行解释补充。

参考答案: 江豚常在自然驳岸的岸边、沙洲、支流和干流交汇处等出没，因为这些地方往往食物丰富。在江豚调查中发现，科研人员发现有些人工丢弃食物的码头、捕鱼船边有时也会看到江豚，它们之所以出现，极大的可能是因为这些区域存在食物。

可能出现的地方：1、2、3、4、11、12

江豚搬家记　　　　　　　　　　【学生任务单】

找一找，江豚会去哪儿？

请在下图中找出可能最容易观察到江豚的地方，并圈出对应的数字编号，思考
背后的原因。

单元主题 2：把脉家园
06 我是江豚巡护员

教学目标

1. 了解巡护员的主要工作职能。
2. 知道江豚巡护工作的内容和常用技术与工具。
3. 理解江豚巡护工作对江豚保护的重要性，尊重并认可巡护员的工作。
4. 加深对职业的理解，愿意在未来的职业规划中追求个人价值和社会价值的双赢。

涉及《指南》中的环境教育目标

环境知识

2.3.5 阐明生命环境是由彼此相互联系的动态系统组成：举例说明生态系统的演变是不可逆的，理解防治生态破坏和环境污染的重要性。

环境态度

3.3.4 意识到资源利用和环境管理需要关注弱势群体，愿意采取行动促进社会的公正与公平。

技能方法

5.3.7 归纳环境保护和环境建设中不同参与者的立场和行动，并进行反思。

与《课标》的联系

高中生物

2.4.2 关注全球气候变化、水资源短缺、臭氧层破坏、酸雨、荒漠化和环境污染等全球性环境问题对生物圈的稳态造成威胁，同时也对人类的生存和可持续发展造成影响。

2.4.5 形成"环境保护需要从我做起"的意识。

高中地理

3.6 结合实例，说明设立自然保护区对生态安全的意义。

授课对象
高中生

活动时长
60 分钟（120 分钟）

授课地点
室内，实践活动在室外空旷场地开展（应不小于 20m×20m）

扩展人群
初中生、大学生、成人

适宜季节
春夏秋冬

授课师生比
1：4 ：（20~30）

辅助教具
PPT 课件、双筒望远镜、喷水瓶、纸袋、江豚巡护训练情境卡片、巡护记录表、板夹、巡护工具卡、巡护工具实物、笔

知识点
- 巡护
- 巡护员的主要工作职能
- 江豚巡护员常用技术与工具
- 江豚保护区的巡护类别

核心素养

理性思维、勇于探究、乐学善学、国家认同

教学策略

① 讲述　　　　　　　④ 体验式

② 展示　　　　　　　⑤ 讨论分享

③ 演示　　　　　　　⑥ 社会调查

④ 问答评述

知识准备

巡护与巡护员

世界巡护员日

为了向工作在保护一线的巡护员们表示感谢和呼吁社会关注，同时，纪念在工作中受到伤害甚至献出生命的巡护员，每年 7 月 31 日被定为世界巡护员日。

巡护是自然保护地管理中最基本的日常工作之一，主要指在自然保护区与国家公园内，定期或不定期地沿着一定的路线，按要求对自然资源、自然环境和干扰活动进行观察、记录，及时将发现的情况上报，并及时采取行动制止非法行为的过程。我们把在自然保护地内日常开展巡护工作的人员称为巡护员。巡护员长期在自然保护的一线工作。野外条件不仅十分艰辛，收入不高，而且还时常需要面对危险。有些巡护员在和盗伐、盗猎分子斗争时受到伤害，甚至失去宝贵的生命。根据国际巡护员联盟（IRF）统计，2009—2018 年，全球巡护员的牺牲人数达到 871 人，意味着每年约有 100 位巡护员因为他们的工作而失去生命。巡护员是一个值得尊重也应该受到社会关注的职业。他们是自然生态系统的默默守护者。

在世界不同的国家和地区，巡护员往往有着不同的称呼（图 2-39）。在中国，常常把森林中的巡护员称为护林员，在长江上的巡护员称为护渔员。

© WWF

▲　图 2-39　世界各地的巡护员们

巡护员的主要职责

- 监测自然保护区的生态系统、物种及人类活动的变化趋势，为保护区管理自然环境和人为威胁提供基础资料。

- 救护受伤、生病的野生动物和受到破坏的野生植物，加强生物多样性保育工作。

- 维护自然保护区设施、设备，以保障其正常运转。

- 制止非法偷猎、盗伐、放牧、开荒、开矿、采挖等人为活动，为追究非法人员相应的法律责任获取证据和材料，确保自然保护区的保护规则得以有效实施。

- 向保护区周边社区居民开展自然资源保护宣传教育，宣传保护区的存在意义，增进社区居民对保护事业的正确理解，获取其对自然保护事业的支持。了解当地社区居民对自然资源的利用状况和与保护的冲突，掌握当地社区生产生活问题的信息，并及时提供力所能及的帮助。

江豚巡护员的日常工作内容

在 2013 年之前，江豚巡护员管理工作主要由渔政和自然保护区工作人员承担，随着江豚保护社会化的推进，社会组织成员、转产转业的渔民也加入江豚巡护的工作。他们的主要工作内容如下（图 2-40）。

- 在保护区内巡逻：查看保护区内日常情况、观测水位、采集科研数据等。

- 确保江豚的安全：搜寻偷盗猎等物品，如笼网、炸弹钩等非法渔具，驱逐非法捕捞者（包括劝退钓鱼人员），阻止电鱼行为，查找丢弃的农药瓶等，救助受伤的江豚等。

- 协调社区关系：向当地居民（渔民、农民）宣传保护政策，包括帮助当地渔民和农民进行产业转型，推广生态小龙虾养殖、有机种植模式等替代生计，以减少污染和非法捕鱼的行为。

▲ 图 2-40　江豚巡护员在进行日常巡护工作

江豚巡护员大赛

为促进江豚巡护员技能交流，传播巡护员保护事迹，提升社会对江豚 巡护员的关注，2021 年 5 月，第一届长江江豚巡护员竞技赛在湖北省荆州市监利县和湖南华容县举办（图 2-41）。大赛分为室内竞赛和野外竞赛两部分。室内部分重点考察巡护员的法律法规、野生动植物基础知识和野外生存知识等。野外部分则考察巡护员分工协作，以及完成巡护工作和阻止违法活动等的能力。

▲ 图 2-41　巡护员大赛现场

江豚保护区的巡护类别

根据江豚保护区的实际情况和工作实践来看，巡护分为水上巡护、陆地巡护、空中巡护和视频监控四种类型。几种形式各有侧重，相辅相成构成了保护区日常巡护管理模式。

- 水上巡护：利用巡护船（渔政船、快艇等）在保护区水域定期沿着固定路线进行巡逻。主要目的是拆除和收缴非法渔具（图 2-42）、劝退或驱离非法钓鱼人员、制止非法围垦等人类活动。此外，水上巡护队按季节、线路对江豚等动植物物种分布、变化规律进行监测，采集科研数据。

▲ 图 2-42　巡护员收缴非法渔网

- 陆地巡护：利用巡护车（摩托车、汽车等）在保护区两侧的洲滩和堤坝上，定期沿着固定线路进行巡逻。主要目的是观察岸边投放的非法渔具标记物、非法倾倒垃圾、非法围垦等行为。

- 智慧巡护（空中巡护和视频监控）：这是未来巡护工作的发展方向，主要利用视频监控、无人机、无人船等智能设备巡逻（图2-43）。这种巡护方式可以24小时不间断地记录违法过程并取证，监测人类活动信息、动物信息、环境信息、水文情况和极端天气并进行预警，并且采集的数据也更加全面与便捷。同时，保护人员还可结合遥感和地理信息系统等技术监测保护地生态环境变化趋势（图2-44）。

▲ 图 2-43　巡护员使用长江江豚 APP（应用程序）进行智能巡护

▲ 图 2-44　天鹅洲保护区 AR（增强现实技术）鹰眼全景

地理信息系统

地理信息系统(GIS)是在计算机软硬件支持下对部分空间中的有关地理分布数据进行采集、存储、管理、分析等的技术支持系统。

双筒望远镜的使用方法

双筒望远镜轻巧，方便使用，是巡护员在日常工作中最常用到的工具之一。

双筒望远镜由目镜（小）和物镜（大）两个可观察镜面和一些其他部分组成，主要通过折射对光线进行加工成影像。使用时将肩带挂在脖子上，摘掉物镜的镜头盖，单手或双手持望远镜边最宽处，调节瞳孔间距，用双眼对准目镜看远处的一个视场，同时调节目镜中间的调焦旋钮，将目镜中的视场调至清晰的状态即可观察物体。需要注意的是双筒望远镜针对戴眼镜和裸眼有一个小巧的区别装置叫作眼杯，如果是裸眼使用，则需要把眼杯折叠或旋转的部分调出来，以方便裸眼和目镜达到一个合适的距离（图2-46，图2-47）。

江豚巡护中使用的工具

由于江豚在水中活动，因此巡护工作主要在水面上进行。这也反映出江豚巡护工作具有一定的特殊性和潜在的危险性。所以，为了确保巡护工作的顺利进行，巡护员不仅需要携带专业的巡护设备和装备，而且还需要携带野外生存、安全救生和劳保用品等物资。

目前，国内江豚保护区的巡护设备主要包括巡护船、巡护车、摩托车、无人机、水下声学监控设备、望远镜、割网收缴工具、对讲机、巡护记录仪、全球定位系统（GPS）、摄影摄像设备等（图2-45）。

▲ 图2-45 江豚巡护工作中常用的工具

| ▲ 图 2-46 双筒望远镜结构图 | ▲ 图 2-47 望远镜使用示意图 |

江豚守护工作的艰难

根据世界自然基金会在 2019 年发布的国内首份《长江江豚巡护员现状调查报告》（图 2-48），江豚巡护员以男性为主，年龄主要集中在 41~60 岁，大部分巡护员学历水平偏低、工作年限不长，他们也需要接受相应的职业技能培训，以便更好地满足工作的需要。

在日常巡护工作中，巡护员往往会遇到各种各样的困难。例如，工作强度高、具有危险性、巡护工具不完备、技术不完善、收入不高、不被人理解，等等。江豚保护区周边社区居民主要以农业和渔业为生，巡护员在巡护过程中常常会与当地居民产生冲突，有时会遭受非法捕鱼分子和部分村民的辱骂，严重时还会造成肢体冲突，甚至受伤。曾经有落单的巡护员被渔民抓住，关进村子里的严重事件。在长江禁渔后，保护区帮助渔民转产上岸做农民，这些冲突才得到了一定的缓解。除此以外，还有非法采砂者、非法排污者等会和巡护员产生冲突，甚至打击报复，对巡护员的人身安全造成一定的威胁。

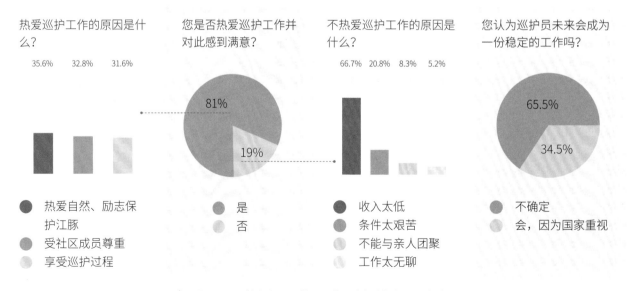

▲ 图 2-48 《长江江豚巡护员现状调查报告》部分调查结果

教学内容

1 引入
5~10 分钟

1.1 教师开场介绍，询问学生未来想从事的职业。

1.2 教师请学生分享未来想从事的职业，并询问他们在选择职业时主要会考虑哪些因素。教师可以将这些关键词记录在黑板上。

1.3 教师展示几种人员的图片，包括小区保安、交通协警和江豚巡护员工作时的图片，请学生们猜猜他们分别是谁，他们在做什么，从而引导学生理解他们在从事维护社区和谐、人身安全、保护动物等工作。

1.4 教师引出巡护员这个职业。教师启发学生思考，为什么保护区需要巡护员，大家对这个群体的了解程度如何，从而引出本节课程的主题。

时长缩短建议

教师可以根据课程时间，控制学生的分享时间和受邀人数。

2 构建
15~20 分钟

2.1 教师播放一段关于巡护员的工作视频，让学生对于巡护员的工作先建立一个感性的认知，并正式介绍巡护员的定义。

2.2 教师进一步展示几张江豚巡护员日常的工作照片（需包括监测、救护、防止非法活动和社区宣传教育 4 个场景），请学生根据图片内容描述江豚巡护员的工作职责，帮助学生理解巡护员的工作对江豚保护的重要性。

2.3 教师询问学生，这项工作需要具备哪些技能。教师可以展示一系列巡护工具的卡片，并按照小组方式发给学生，请各组学生讨论卡片上的工具在巡护中的用途，随后请小组成员进行分享。教师也可以用实物来替代卡片。

2.4 教师进一步询问学生，巡护员工作会面临哪些挑战。待收集完学生的答案后，教师可以列举一些江豚巡护员真实的案例，帮助学生理解这份工作的不易，包括工作辛苦、有危险性、收入低、不被他人理解，等等。教师可根据课程的时间以及学生的年龄，配合真实的案例进行分享。教师在分享时不建议带有批判和比较，而应该强调选择的背后有个人的实际生活情况，应用发展的眼光看待，同时也强调需要综合保护。

2.5 教师可以进一步展示《长江江豚巡护员现状调查报告》中巡护员对这份工作的态度和想法（图 2-48）。

2.6 教师说明，巡护员是值得被尊重和关注的职业，从而引出世界巡护员日以及江豚巡护竞技大赛等活动举办的初衷——既可以促进巡护员之间的技能学习和交流，又可以提升社会的关注。

如果课堂的时间较少，可以用提问的方式代替小组讨论。

如果是时间充分的室外课程，可以让大家试着用一下简单的巡护工具，比如，望远镜、对讲机、GPS 等。

---

3 实践
25~60 分钟

3.1 体验游戏：巡护员迷你竞技赛。

3.2 教师说明接下来邀请同学们参加一场迷你版的巡护员竞技赛，体验巡护员的日常工作。

3.3 教师首先将望远镜发给各小组，确保每个小组成员学会如何使用望远镜搜寻观察对象和对焦。

3.4 教师将学生平均分为 4 组，每组 6~8 人，按照 "1" 字纵队排开。每组拿到 1 块板夹和 1 份巡护员记录表。

3.5 助教手拿场景卡，站在举例学生 20~30m 远处的地方（具体距离建议教师根据现场环境进行调整）。

3.6 每一轮，助教手上的卡片将会显示 30~60 秒（具体难度由教师根据学生的年龄、观察距离进行调整）。每组派出一位学生在出发线进行观察，组员需将观察的结果记录在巡护记录表里。每轮结束后，下一个组员自动上前，准备观察下一张卡片。

3.7 情境模拟。

第 1~2 轮观察：晴天情境。

学生用望远镜观察卡纸上的江豚和其他生物数量。

第 3~4 轮观察：雨天情境。

助教将望远镜镜片上喷水后请学生用望远镜观察。

第 5~6 轮观察：遮挡情境。

助教用底部剪成不同形状的纸袋套在望远镜的物镜上，将镜片部分遮挡住（可以模仿芦苇、树的形状或只是做部分遮挡），请学生用望远镜观察。

第 7~8 轮观察：水浪情境。

助教在远处拿着情境卡进行移动和轻微的起伏，请学生用望远镜观察。

3.8 游戏结束后，教师请每个小组总结 8 轮一共观察到的结果。

可适当减少观察轮次，但建议不要少于 4 轮。

4 分享
10~20 分钟

4.1 每个小组派代表分享他们在体验游戏时看到了什么，有怎样的情绪感受，比如，超出意外的、印象深刻的，又有怎样的发现。

4.2 教师请学生谈谈参加完比赛后对巡护工作的认识，使得学生进一步认识巡护工作的重要性、专业性和工作艰辛。

4.3 教师也可以引出智能设备的运用能够帮助巡护员准确、快速地完成工作，期待随着技术的发展，可以解决现有巡护数据监测工作的难点。

4.4 教师说明，巡护员职业是一个较为小众的领域，他们的收入不高，但是其开展的工作对自然保护发挥着重要作用。教师可以分享巡护员坚持巡护工作的案例，并指出只有更多的人提高对生态环境和巡护员工作的了解，才能够促使这个行业良性发展。

4.5 教师可以请学生讨论，通过哪些方式来增加社会公众对这个职业的认识和支持。

5 总结
5~10 分钟

5.1 教师带领学生回顾课程内容，询问巡护员作为一种职业的主要职能是什么。教师可以鼓励学生用案例的方式进行说明。

5.2 请学生们谈谈这堂课对自己的职业选择的启发。

6 评估

6.1 能够用自己的语言介绍江豚巡护员日常工作的工作职责。

6.2 能够认识到巡护工作的重要和艰辛，愿意将巡护员保护野生动物的事迹传播给他人。

6.3 认同人与自然应该和谐共处，并愿意为保护江豚贡献自己的力量。

7 拓展

7.1 内容拓展

深度拓展

教师可鼓励学生课后收集江豚巡护员的新闻资料，撰写一份报告。

教师可以带领学生亲自前往江豚保护区，体验巡护工作，了解巡护员每日工作的具体内容、日常使用的巡护工具、记录数据等。

邀请江豚保护区的巡护员为学生们分享巡护工作的经历。请学生分组对巡护员进行一次采访，并将采访结果制作成视频，进行分享和传播。

教师可以请学生基于江豚巡护员的日常工作场景和内容，为他们设计一款智能巡护工具。学生可以发挥想象进行自由创作设计，绘制产品原型，配上产品说明。

教师可以举办一场设计活动，请学生为巡护员设计出适合他们工作的日常用品（如帽子或 T 恤等），活动结束后可组织学生代表亲自将设计成果赠于巡护员，培养学生对巡护员的尊敬与感恩之心。

广度拓展

鼓励学生课后进行资料搜集和分析，了解世界上还有哪些其他类型的巡护员，并在班级分享他们搜集到的案例。启发学生思考：和江豚巡护员的工作相比，不同类型的巡护员们工作内容有哪些相同点和不同点？

7.2 形式拓展

如果没有室外活动条件，教师可以在室内展示户外拍摄江豚的视频。让学生们仔细观看和思考，抢答谁最先看到江豚，有几头江豚出没；有没有小江豚；江豚有没有受伤；江豚在做什么，等等。教师还可以展示一些和江豚有关的照片，让学生判断是否存在对江豚的威胁因素，比如，渔网、放牧等。

我是江豚巡护员 　　　　　　　　　【学生任务单】

江豚巡护记录表

今日天气 ＿＿＿＿ 气温 ＿＿＿＿ ℃ 填表日期：＿＿＿＿ 年 ＿＿＿＿ 月 ＿＿＿＿ 日

序号	江豚数量	小江豚的数量	情况说明
1			
2			
3			
4			
5			
6			
7			
8			
9			
10			

我是江豚巡护员 　　　　　　　　　【学生任务单】

单元主题 2：把脉家园

07 江豚搬家记

授课对象
高中生

活动时长
45 分钟（90 分钟）

授课地点
室内

扩展人群
小学生、初中生、大学生、成人

适宜季节
春夏秋冬

授课师生比
1：2：（20~40）

辅助教具
课件 PPT、卡片纸、海报纸、笔、长江流域地图、学生任务单

知识点
• 栖息地 • 就地保户与迁地保护 • 江豚迁地保护的评估内容

教学目标

1. 知道江豚的栖息地分布。

2. 知道就地保护和迁地保护的基本概念。

3. 知道江豚的栖息地环境标准，能运用其开展迁地保护地的评估。

4. 理解江豚迁地保护的成功经验对全球小型鲸类保护的重要意义。

5. 愿意从自身做起，影响周围朋友共同为保护江豚贡献力量。

涉及《指南》中的环境教育目标

环境意识

2.3.8 了解技术在人类与环境关系演变历史中的作用及其影响。知道误用和滥用技术会破坏自然环境。

技能方法

4.3.4 明确各种信息来源与各种调查类型的对应关系，对自己搜集的环境信息的准确性和可信性进行评价。

环境行动

5.3.7 能够表达自己对环境保护的观点，并以宣传或劝说的方式影响他人做出行为改变。

与《课标》的联系

高中生物

2.1.1 列举种群具有种群密度、出生率和死亡率、迁入率和迁出率、年龄结构、性别比例等特征。

2.3.2 举例说明生态系统的稳定性会受到自然或人为因素的影响，如气候变化、自然事件、人类活动或外来物种入侵等。

2.4.1 探讨人口增长对环境造成的压力。

2.4.3 概述生物多样性对维持生态系统的稳定性以及人类生存和发展的重要意义，并尝试提出人与环境和谐相处的合理化建议。

高中地理

资源、环境与国家安全

3.1　结合实例，说明自然资源的数量、质量、空间分布与人类活动的关系。

3.6　结合实例，说明设立自然保护区对生态安全的意义。

核心素养

理性思维、勇于探究、勤于反思、信息意识、健全人格、社会责任、国家认同、问题解决、技术运用

教学策略

①　讲述　　　　③　演示　　　　⑤　体验式

②　展示　　　　④　问答评述　　⑥　讨论分享

知识准备

就地保护与迁地保护

　　就地保护是指为了保护生物多样性，在生物的原生地对生物及其栖息地开展保护的方式。就地保护的对象，主要包括有代表性的自然生态系统和珍稀濒危动植物的天然集中分布区等。在原栖息地内建立自然保护区被公认为是生物多样性就地保护最有效的方式之一。

　　迁地保护指为了保护生物多样性，将由于生存条件不复存在、物种数量极少等原因，生存和繁衍受到严重威胁的物种迁出原地，移入半人工或全人工环境进行保护和管理的方式。迁地保护往往是在一个物种走向灭绝的后期阶段做出的一种选择。根据以往的成功经验，在迁地保护工作开始前，相关的可行性研究、宣传和规划应该更早启动。

江豚三大保护策略

　　中国对长江豚类开展系统性研究和保护工作起始于 20 世纪 70 年代末。由于长江生态环境逐年恶化，政府和科学家意识到，仅仅依靠就地保护不足以拯救长江豚类。因此，开始在长江沿岸进行迁地保护选点工作，并最终选择了湖北石首的天鹅洲故道开展第一个长江豚类饲养繁殖保护试验。1989 年，江豚被确定为国家二级保护野生动物。1990 年，5 头江豚被迁入天鹅洲故道开展迁地保护。

长江干流与故道

长江干流：长江的主河道。宜昌市以上为上游，也称为金沙江。宜昌市至湖口县为中游，湖口县至长江入海口为下游。

长江故道：长江已经发生改道的旧河道，包括自然改道和人为改道形成的故道。长江故道主要分布在湖北荆江段一带。

目前，中国采取的江豚保护策略包括三部分。

- 加强江豚就地保护工作。
- 积极推进迁地保护工作，对江豚进行"保种"。
- 稳步推进江豚人工繁育研究，支撑野外保护，提供技术支持。目前，中国科学院水生生物研究所等研究机构长期开展江豚在人工环境下繁殖的研究。

受长江生态环境变化的威胁，江豚的保护已经进入了最后的"保种"阶段。一方面，在任何时候都不应该放弃江豚在自然环境下的保护；另一方面，在与江豚天然栖息地环境相近的长江故道建立更多保护区，尽可能多地建立"自然迁地保种"种群，以延续江豚的自然繁衍。迁地保护是将江豚"物种"留下来的最佳选择，待未来长江生态环境恢复后，还需将这些江豚放回它们原有的栖息地。同样，人工繁育最重要的价值是深入了解江豚的繁殖生物学、发育生物学、行为学、生物声学、营养学等特征，助力江豚自然保护，同时推进珍稀水生物种保护多学科基础研究和技术开发，而不能指望用人工繁育的方式拯救江豚。

30多年来长江保护和江豚保护工作在逐步推进。

①先后建立了10个豚类自然保护区，开展江豚的就地和迁地保护区工作（图2-49）。

- 1992年，建立长江新螺段白鱀豚国家级自然保护区。
- 1992年，建立湖北长江天鹅洲白鱀豚国家级自然保护区（已成为世界上第一个成功开展鲸类动物迁地保护并具重要国际声誉的水生哺乳动物示范保护区）。
- 2003年，建立江苏镇江长江豚类省级自然保护区。
- 2004年，建立江西鄱阳湖长江江豚省级自然保护区。
- 2006年，建立安徽铜陵淡水豚国家级自然保护区。
- 2007年，建立安徽安庆江豚市级自然保护区，现升级为省级。
- 2012年，建立湖南岳阳东洞庭湖江豚市级自然保护区。
- 2014年，建立江苏南京长江江豚省级自然保护区。
- 2015年，建立湖南华容集成长江故道江豚省级自然保护区。
- 2015年，建立湖北监利何王庙长江江豚省级自然保护区。

②2008年，农业部、中国科学院水生生物研究所和世界自然基金会（WWF）共同发起建立了长江淡水豚保护网络，联合各地保护区、监测站共同开展江豚研究、保护和公众宣传等工作。

③原农业部《长江江豚拯救行动计划》（2016—2025）要求以就地保护、迁地保护和遗传基因保护为重点，集全社会力量加快推进实施江豚拯救行动。此外，中国政府高度重视长江经济带生态环境保护，自2017年起，以"共抓大保护、不搞大开发"为导向，推动长江经济带发展的决策部署。先后出台实

124

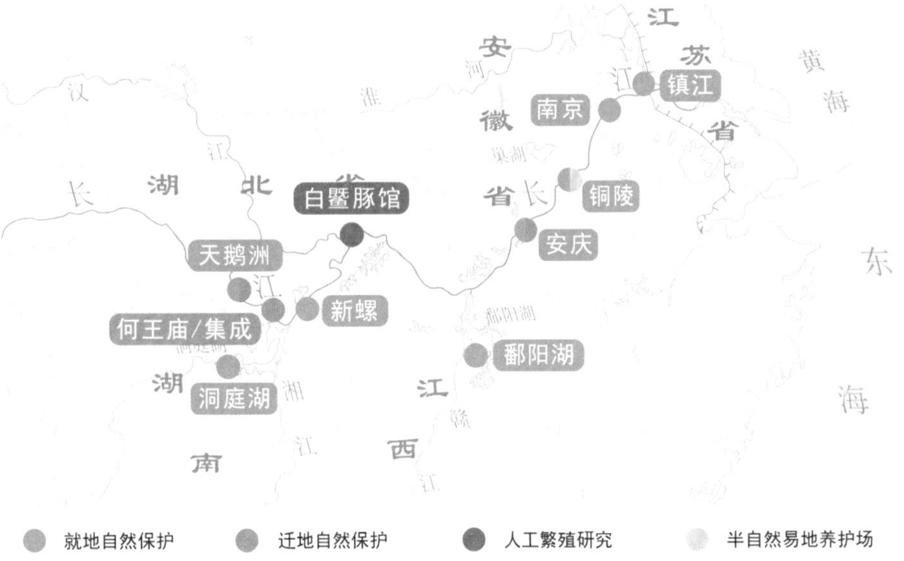

● 就地自然保护　　● 迁地自然保护　　● 人工繁殖研究　　○ 半自然易地养护场

▲　图 2-49　江豚自然保护区保护类型分布图

施了《长江经济带发展规划纲要》，明确了长江经济带生态优先、绿色发展的总体战略。2019 年，农业农村部、财政部、人力资源和社会保障部三部委联合发布《长江流域重点水域禁捕和建立补偿制度实施方案》《农业农村部关于长江流域重点水域禁捕范围和时间的通告》，标志着长江从每年 4 个月的休渔期转为 10 年禁捕期。而江豚作为长江生态系统食物链顶端物种，将从这些保护规定中获益。

④ 2021 年 1 月 1 日 0 时起长江流域重点水域实行暂定为期 10 年的常年禁捕。在此期间禁止天然渔业资源的生产性捕捞。2021 年 2 月 10 日农业农村部公布的数据显示，长江十年禁捕，共计退捕上岸渔船 11.1 万艘、涉及渔民 23.1 万人。

⑤ 2020 年 12 月 26 日，十三届全国人民代表大会常务委员会第二十四次会议表决通过了《中华人民共和国长江保护法》，并于 2021 年 3 月 1 日起正式实施。该法强化了生态系统修复和环境治理，加强了规划、政策的统筹协调，将有效推进长江上中下游、江河湖库、左右岸、干支流协同治理。

⑥ 2021 年，长江江豚正式升级为国家一级保护野生动物。

长江江豚的迁地保护工作进展

截至 2021 年 12 月已在长江建立了 3 处自然迁地保护种群（包括天鹅洲、何王庙 / 集成和西江）和 1 处半自然迁地保护种群（铜陵夹江），迁地保护江豚种群数量已超过 150 头（表 2-9，图 2-50）。

战略合作伙伴
STRATEGIC
PARTNERS
WWF
ONE PLANET
一个地球

▼ 表 2-9 4 个已经开展豚类迁地保护工作的保护区的具体情况

保护区名称	
湖北长江天鹅洲白鱀豚国家级自然保护区	保护区所在的天鹅洲故道曾经是长江的一部分，位于长江"九曲回肠"的荆江北岸，这一带河道由于自然或人工冲刷裁弯取直，形成长江故道群湿地，其自然生态环境与长江非常接近。1990 年，中国科学院水生生物研究所首先迁入 5 头江豚作为迁地保护的尝试。经过 30 年的探索，如今江豚已发展到 100 头左右的自然繁殖种群，保护区成为世界上第一个成功开展鲸类动物迁地保护并具有重要国际声誉的水生哺乳动物示范保护区
湖北监利何王庙长江江豚省级自然保护区 湖南华容集成长江故道江豚省级自然保护区	两个保护区采取共管模式。保护区位于江汉平原腹地，故道水域与长江季节性联通，分享着长江水位的枯荣。由于地理位置独特，保护区野生动植物资源丰富，有完整的食物网，水质优良，江豚的食物资源丰富，是江豚生活的理想场所。保护区于 2015 年建立，并开始进行迁地保护工作。截至 2021 年 12 月，共有 30 头左右江豚生活在保护区的核心区
安徽安庆江豚省级自然保护区	保护区位于长江干流和皖河下游部分航道，因其独特的地理水文环境，是长江干流江豚密度最大的江段之一，也是长江中下游江豚及众多水生生物生存繁衍的重要栖息地和保护地之一。保护区于 2007 年建立，2016 年开始进行迁地保护工作。2018 年 6 月，陆续有幼豚在这里出生，目前共有 20 头左右的江豚生活在保护区的核心区
安徽铜陵淡水豚国家级自然保护区	保护区位于长江铜陵段，总面积逾 3 万 hm²，主要进行江豚的就地和迁地保护工作。其中，在长江支流中开辟的一条约 1.6km 的半自然夹江水域，从 2000 年开始用于对江豚进行半自然迁地保护工作。目前，共有 11 头左右的江豚生活在这里

小型鲸类迁地保护的可行性评估

支持小型鲸类生存和恢复的迁地保护工作十分复杂，目前国际上除江豚之外，还没有成功的案例。为实施迁地保护行动往往需要做几年的准备工作，下面是一些重要的评估内容。

- 了解该物种可能会对捕获、运输、禁闭和药物治疗等做出何种反应。
- 提前了解迁地保护是否适合该物种。
- 了解建立可行的迁地种群的前提条件，例如，对栖息地的要求、种群规模数量、繁殖生物学和社会结构。

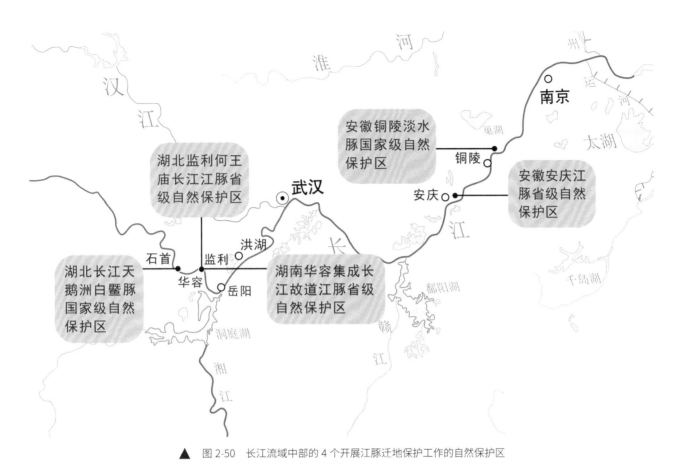

▲ 图 2-50　长江流域中部的 4 个开展江豚迁地保护工作的自然保护区

江豚的迁地过程

江豚的迁地需要经过精心的研究、策划和准备，不然很容易造成江豚受伤甚至死亡。

首先，需要在选中的区域捕捞一定数量的江豚，这个过程工作人员会先用声音将江豚驱赶到一定的区域，再用网围起来捕捞。在捕捞、起水的过程当中，现场所有人必须保持安静，并且缓慢行动，防止嘈杂的声音对江豚造成比较大的刺激（图 2-51）。

© WWF/ 李涵

▲ 图 2-51 工作人员采用"声驱网捕"的方法捕捞江豚

　　然后，江豚起水后要转移到担架布上，由 4 名工作人员抬往体检船。确保江豚的鳍状肢从担架布上的孔洞内穿出，以免折断受伤（图 2-52）。

© WWF/ 李涵　　© WWF/ 李涵

▲ 图 2-52 工作人员用担架布将江豚运送至体检船

　　接着，科研人员将江豚转移到体检船上，用尺测量江豚的体长、头围，进行称重，并从尾部抽血化验、打标、做 B 超（图 2-53）。需有专人负责浇水、观察江豚的呼吸行为、遮阳、记录，等等。科研人员都被要求提前剪短指甲，以免划伤江豚皮肤。如果遇到怀孕或者哺乳期的雌性江豚，科研人员也会马上释放。迁地保护选择的对象往往为青壮年江豚，以保证到达迁地保护区后，可进行交配繁衍。

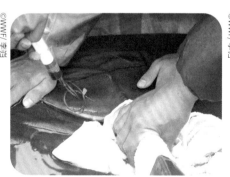

©WWF/ 李涵　　©WWF/ 李涵

▲ 图 2-53 工作人员对江豚进行全面的体检

体检完毕后，选取合适的江豚运往岸边的网箱进行暂养，由看护人员 24 小时值班，密切关注江豚的呼吸情况，并为其投放食物，等江豚对人类的投食行为变得主动，身体状况良好时，才适宜运输。

最后，再从暂养的江豚种中优中选优，将选中的几头江豚迁入保护区，在运输过程中，"保湿""防晒"都是十分重要的措施（图 2-54，图 2-55）。

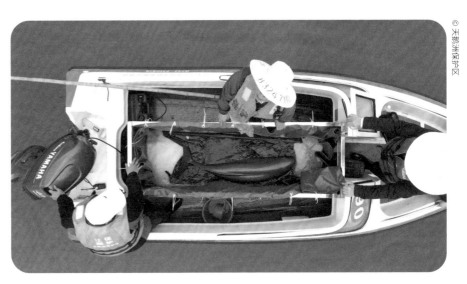

▲　图 2-54　选中的江豚被小心运输至网箱中

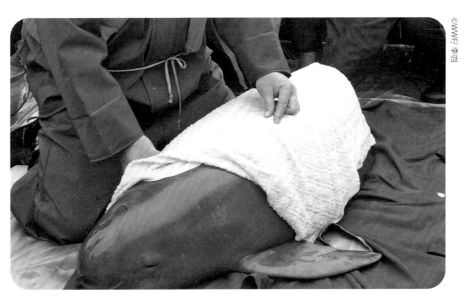

▲　图 2-55　江豚运输过程中的"保湿"和"防晒"非常重要

整个的迁地保护过程需要持续约一个月，在这个过程中工作人员要对江豚进行密切地关注，确保江豚的身体良好。

在选择江豚进行迁地保护时，要选择 2~4 岁身体情况良好的青壮年江豚，这个年龄它们既脱离了妈妈而独自生活，又没有达到性成熟的年龄，在迁地成功后可以及时开展繁殖。除此以外，在性别比例上要做到雌雄 1∶1，而且要通过实验室检测它们互相之间有没有亲缘关系，避免近亲繁殖。有时也会考虑将一个小团体（如两大一小）整体迁移过去，帮助它们更快地适应新的环境。

为避免长期生活在迁地保护区的江豚近亲繁殖和基因衰退，保护区内的研究人员需定期选择区域内的江豚与区域外的江豚开展种群交流。在湖北天鹅洲、监利和安徽西江已经陆续有江豚在保护区内"安家"，并建立种群交流机制。

迁地保护点的选择

在选择江豚的迁地保护点时应遵循以下几个条件。

- 水域面积：保护地水域面积足够大，至少要保证能容纳 20 头以上江豚群体基本的生存需求，最好能满足发展到 80 头规模需要的水域面积。

- 水深：平均水深在 4m 以上，同时也要保证有 10m 的深水区域存在，满足江豚的生态习性和生存需求。

- 水质：水质较好，达到水产养殖水质标准，也可以是满足周边居民的饮用水源地水质标准。

- 渔业资源：渔业资源丰富，尤其是江豚所需要食用的小型饵料鱼（体长小于 15cm）资源多，包括鲤鱼、鲫鱼等种类，以保证江豚的食物来源充足。

- 水资源：保护地水资源环境与长江相似，最好是长江故道或支流，并能够与长江相通，可以达到交换水质和补充野生鱼类资源的效果。

- 政府支持：地方政府保护意愿强烈，资金政策等配合度高，对保护工作能有实际支持，在区域整体规划发展上能考虑到江豚保护工作的需求等。

- 社区环境：水域周边社区矛盾较少，对水域和洲滩有较少的人类活动干扰，如来自农业生产、生活、养殖等方面的污染不会对江豚的生存造成威胁，现存问题也可以通过一些工作去协调、缓和和解决。

教学内容

1 引入
3~10 分钟

1.1 教师开场介绍，通过询问的方式带领学生回顾江豚在野外的分布情况。教师可以展示长江流域地图，并给出以下选项：A. 长江上游，B. 长江中下游干流，C. 鄱阳湖，D. 洞庭湖。请学生依次说出江豚分布在哪些区域，以及总体和分区的数量范围。如果对学生来说，说出具体数值有难度，也可以进行排序。

1.2 教师统计学生的答案，并公布历次江豚科学考察的结果。教师说明江豚野外种群数量呈下降趋势，启发学生思考如何能够保护江豚，扭转其种群下降的趋势。学生分析观后感，教师将答案依次记录在空白卡片纸上。

1.3 教师对学生的答案无须做评价，可以进一步引出本课的主题，学习江豚的保护策略。

时长缩短建议

教师可直接请学生猜测江豚的数量变化趋势，并分享江豚保护的方法。

2 构建
10~20 分钟

2.1 教师邀请学生共同将引入环节记录的方法进行分类。教师可尽量根据就地保护、迁地保护和人工繁育研究对学生的答案进行归类。

2.2 教师说明就地保护、迁地保护和人工繁育研究是经典的物种保护策略，可以结合一些江豚保护的照片和视频，分别对三种方法进行解释。

2.3 教师逐一展示江豚的重要保护历程，请学生尝试说出所对应的保护策略，以加深对物种保护策略的理解。

2.4 在学生理解江豚保护的三大策略之后，教师应引导学生理解三大保护策略的内在关系，强调由于长江生态环境的持续恶化，江豚种群的分布目前已经呈现斑点状、碎片化分布，这是物种走向灭绝的先兆，进而重点说明迁地保护是以空间换取时间，等待长江生态环境恢复后，还需把江豚放归长江。教师还可以联系江豚野外救助的工作，进一步强调野生动物保护的最终目的是让动物在野外自然环境中生活。

2.5 教师进一步启发学生思考鲸豚类动物的特点，以及如果对其开展迁地保护工作，保护人员需要事先进行哪些评估，使得学生理解小型鲸豚类动物的迁地保护工作是十分复杂并且颇具挑战的。

2.6 教师结合图片或者新闻视频，介绍江豚迁地保护的过程方法和选择地点的条件。

时长缩短建议

教师不需要对江豚的具体保护历程和成果案例进行展开说明，可留给学生在拓展环节进行搜集和分析。

---

3 实践
15~25 分钟

3.1 将学生分成 4 组，完成《寻找长江江豚之家》的实践。

3.2 教师说明目前江豚的就地保护任务十分艰巨，需要加大迁地保护力度。教师介绍实践环节的情境，请学生扮演江豚迁地保护申请的评审专家，根据所学知识，讨论、判断分析，决定哪些区域可以成为江豚迁地保护的备选区域。

3.3 教师将学生按照 3~6 人进行分组，将准备好的 4 个江豚迁地保护备选项目点的学生任务单发给各个小组，各组学生根据已学到的江豚生活习性、对栖息地的要求以及迁地保护原则等知识，对这些备选点进行评分（百分制），并选择出合适的迁地保护地点。教师补充说明 4 个地点的信息反映的是长江"十年禁渔"政策实施前的情况。4 个地点的实际信息如下（实践环节不能告知学生真实信息）。

A 点：湖北石首天鹅洲故道（已经建成）。

B 点：湖北监利何王庙长江江豚省级自然保护区（已经建成）。在长江"十年禁渔"之后，安排渔民转产上岸安置已基本得到解决。

C 点：安徽省安庆市西江江豚保护基地（已经建成）。

D 点：江苏省扬州市廖家沟水域（备选地）。禁渔后，外来捕捞问题已经解决，但该地能否开展迁地保护还待深入论证。

3.4 每组讨论后准备汇报方案，要求能清楚说明选择的依据，分析各个点的优势和弊端，提出改进的建议。

时长缩短建议

每组可只分析一个备选点，决定是否可以作为合适的迁地保护场所。

4 分享
12~25 分钟

4.1　请各组派代表分享小组讨论的结论及其考量依据和决策难点。可适当引导学生结合该区存在的问题提出合理的改进建议。

4.2　教师可鼓励各组学生之间提问，或者通过教师提问的方式启发学生对分析的深入思考，理解迁地保护工作中的重要选择标准，理性思考人类活动对江豚的干扰，能够理解当地社区对保护江豚可能存在的复杂情绪。

4.3　教师展示目前江豚保护的分布点和发展历史，告诉学生刚才的 4 个备选地点都是已经在开展或准备开展江豚迁地保护的保护区，并分享目前各迁地保护区的进展情况。

4.4　教师介绍湖北长江天鹅洲白鱀豚国家级自然保护区的江豚的迁地和种群发展成果，使得学生了解江豚迁地保护工作的相关经验对全球其他小型豚类的保护工作的重要借鉴意义。

4.5　教师可进一步启发学生思考"迁地"可能会发生的近亲繁殖问题，因此各保护区的江豚需要定期进行互相"交流"，促进江豚的基因多样性。

4.6　请学生思考除了上述三大保护策略之外，还可以开展哪些工作来保护江豚。学生分享完毕后，教师进行补充，例如，不食用长江野生鱼，宣传长江"十年禁渔"政策，让长江休养生息，告诉身边更多人关于江豚的故事，大家一起参与到保护江豚的行动中等。

时长缩短建议

减少各组的汇报时长，对于迁地保护的成功案例可作为课后作业让学生进行了解。

5 总结
5~10 分钟

5.1　学生回答目前江豚保护主要采取的策略有哪些，并解释具体含义。

5.2　请学生说明选择江豚迁地保护策略的背后原因。

5.3　请学生说明江豚迁地保护需要怎样的环境。

6 评估

6.1　能说出江豚的分布情况和威胁因素。

6.2　理解就地保护、迁地保护的主要作用和最终目的。

6.3　知道江豚的迁地保护的标准和方法，能运用其开展迁地保护地的评估。

6.4　理解江豚迁地保护的成功经验对全球小型鲸类保护的重要意义。

6.5　关注江豚的保护工作进展，并积极参与公众宣传和实际保护工作。

7 拓展

7.1　内容拓展

深度拓展

查阅近年来江豚相关的生态科学考察报告结果，制作江豚种群变化柱状图，按区域分析江豚种群变化的情况，并计算种群变化速率。

请学生收集整理近年来国内江豚采取的具体保护策略方法以及成果进展，并制作成海报开展线上线下宣传。

教师可组织学生前往开展长江江豚迁地保护工作的保护区，开展长江江豚主题研学活动，请学生根据课程内容设计研究主题，并在实地参访和调查过程中进行探究。研学活动结束后，请学生以小组为单位发表以"江豚迁地保护"为主题的报告。

广度拓展

搜索国外小型鲸豚类迁地保护的案例，如生活墨西哥加州湾的小头鼠海豚，分析其中失败的原因，并与江豚迁地保护案例进行对比。

教师可引导学生了解其他动植物的迁地保护案例，其中有中国本土的保护案例，比如，熊猫、麋鹿、朱鹮等动物以及植物，比较这些案例与江豚的迁地保护工作的相似点和差异点、原则和挑战。教师还可引导学生了解国外的相关案例，如生活在欧洲的伊比利亚猞猁曾经在 21 世纪初只剩下 94 只，但在世界自然基金会等 20 多个机构的科学家和工作人员的共同努力下，实行迁地保护计划，成功地将其野外种群数量恢复至 1000 余只。

江豚搬家记 【学生任务单】

▲ 江豚迁地保护备选项目点

备选点 A

位于长江中游的长江故道，呈月牙形，水域全长 21km。故道水面最宽处 1500m，最狭窄处仅 400m，水深 7~10m，最深处可达 15~25m；枯水期水域面积 1466hm²，丰水期 2000~2666hm²，蓄水量 1.2 亿 ~1.5 亿 m³。每年汛期（5~10 月）与长江相通，枯水期（11 月至翌年 4 月）与长江隔断。故道下口与长江相通，因此汛期故道水位随长江水位的涨落而变化。

保护区内野生生物种类丰富，从故道浅水区到沿岸洲滩逐渐向高处分布有沉水植物、挺水植物及沼泽植被，也有比较开阔的浅滩草地和成片的灌丛。经调查，保护区现已记录脊椎动物 296 种，并以鸟类最为丰富，有 197 种，还记录到两栖动物 8 种、爬行动物 17 种、陆生哺乳动物 23 种；区内水生生物资源也很丰富，记录故道内的鱼类有 51 种、浮游植物 155 种、浮游动物 124 种、底栖动物 31 种。

区域内无工业污染源，无航运，农业为周边主要产业，水质优良，但是存在农村面源污染、周边社区侵占河滩、每年水流通长江时间有限等问题。

江豚搬家记 　　　　　　　　　　　　【学生任务单】

备选点 B

位于长江中游的长江故道，上口基本上与长江隔断，下口仍与长江干流相通，全长 33km，宽约 1km，水域面积约为 25km²。全年水位与长江水位变化相同。7~9 月为丰水期，水位高，水倒灌进入故道。12 月至翌年 3 月为枯水期，水位低。水质和水文环境受长江干流变化影响较大。枯水期水质可以达到 I 类水体标准；丰水期故道水体及连通河道的水质状况均有一定程度恶化，主要原因可能是丰水期长江上游携带有大量农业污染物和泥沙的水进入故道，造成故道内水质恶化。

故道周边基本保持比较自然的生态景观，其环境及生物多样性和长江干流有一定程度的相似性。调查显示，这里有浮游植物 69 种（属），浮游动物 80 种，底栖动物 16 种（属），鱼类 34 种，且以定居性鱼类为主。故道周围被 4 种禾本科植物和其他 3 种维管束植物覆盖，但是沉水植物较为单一。

周边无工业及生活用水排污口，农业为周边主要产业。该地区曾是白鱀豚、江豚以及中华鲟、白鲟的栖息地，但是存在渔业养殖情况比较多的问题。

N

备选点 C

　　位于长江下游的长江故道，上口与长江隔断，下口仍与干流相通，但淤积严重。故道总长约 10km，宽 200~500m，水域面积丰水期约为 6km^2，枯水期约为 4km^2。沿岸区域水深较浅，深度主要为 2~5m，除沿岸区域外的水域以5~15m 水深为主，最深处达 24m，河道底部平坦。该地区是以渔业和棉花种植为主要产业，水质优良，食物资源丰富。周围虽有工业产区，但对水体影响较小。该水域也是该地区自来水厂的取水水源地。

江豚搬家记　　　　　　　　　【学生任务单】

备选点 D

　　位于长江下游。水域全长 45km，宽度 500~1000m。上游有湖泊、水坝，下游连接长江，与长江潮汛共涨落，水质和水文环境受长江干流变化影响较大，且环境及生物多样性和长江干流有一定程度的相似性。水域内未通航，东岸基本保持比较自然的芦苇、滩涂等湿地自然景观；西岸靠近城市，有部分已被开发利用。区域内渔业资源较丰富，是"长江扬州段四大家鱼国家级水产种质资源保护区"的核心区，核心区特别保护期为全年。周围有外来捕捞渔民 399 人，捕捞渔船 204 条，辅助船 390 条，时有渔民进入区域内捕鱼的情况发生。

　　该水域还是该地区市民的饮用水取水口，正常情况可保持在二、三类水质。但区域上游社区的环保意识较弱，化工污染严重，泄洪时会导致短时间下泄水质很差。目前，正计划治理。

N

单元主题 3：明日社区

08 共创江豚艺术展

授课对象
高中生

活动时长
120 分钟（240 分钟）

授课地点
室内

扩展人群
初中生、小学生、成人、亲子家庭

适宜季节
春夏秋冬

授课师生比
1∶（3~4）∶（20~40）

辅助教具
PPT 课件、海报纸、水彩笔。教师可根据学生年龄和授课需求安排教具，如丙烯颜料和笔、喷色塑料瓶、软陶、彩色布、废弃物等

知识点
• 艺术与环保结合的方式 • 艺术在呼吁公众关注自然与保护中的作用

教学目标

1. 了解一些艺术与环境保护相结合的作品案例，激发学生的创造性思维和表达创作能力。

2. 理解艺术来源于生活和大自然。

3. 知道可以通过艺术的手段，向公众传递自然保护的理念，唤醒更多人的关注。

4. 能够欣赏不同类型的环保艺术作品，感受作者传达的理念和情感，激发学生对环保艺术的学习兴趣。

5. 能够运用所学，用艺术的形式展现江豚的故事，并主动分享给更多人。

涉及《指南》中的环境教育目标

环境知识

2.3.7　知道多种多样的有利于可持续发展的生活方式。

2.3.10　理解可持续发展是人类的必然选择。

环境态度

3.3.3　珍视文化多样性，关注濒危文化遗产的保护。

技能方法

4.3.1　观察、描述并批判性地思考地区性和全球性的环境现象或环境问题。

环境行动

5.3.1　参与举办学校或者社区的环境保护与可持续发展相关活动。

5.3.3　具有提出改善方案、采取行动，进而解决环境问题的经验。

5.3.7　能够表达自己的环境保护的观点，并以宣传或劝说的方式影响他人做出行为改变。

与《课标》的联系

高中艺术

1.1　认识艺术起源于人类的生活、生产实践，探究人类如何运用艺术语言表现社会生活。

1.2 发现、感受日月星辰、山川湖海、春夏秋冬等自然景观的美，探究人类在生活中如何运用艺术形式借景抒情。

1.5 观察现实生活中的艺术设计，认识艺术在生活环境、产品创意等方面的应用及其体现的审美价值。

3.2 了解人类如何从自然、生活、科学实践中寻找并概括出和谐美的特征；在艺术与科学的关联中，认识变化与统一的秩序之美。

3.4 了解多媒体艺术的特点，探究数字化技术，为艺术创造开拓的新领域和表现形式。

高中美术

1.8 了解现当代艺术的创作观念、创作手法和代表作品，认识现当代艺术的多样性。

1.9 通过了解不同历史阶段美术的社会功能与作用，理解美术创作与现实生活的关系、艺术家的社会角色与文化责任。

1.10 选择中外著名艺术家或当代美术现象进行专题研究，在调查、分析和讨论的基础上撰写评论文章，并通过宣讲、展示等方式发表自己的看法。

5.1 通过观看和欣赏优秀设计作品，了解设计的概念与内涵、范围与种类，认识设计与生活的关系，知晓设计所具有的科技与艺术性、功能与生态性等基本特征。

7.1 知道现代媒体艺术的内涵及主要表现手段（摄影、摄像、数码绘画和数码设计），了解其科技、艺术和人文理念相结合的特征，既需要掌握现代数码媒体技术，又需要艺术感悟、造型和设计能力，还需要深度的人文思考和社会关注。在此基础上，进一步对不同的媒介类型进行比较和判断，认知其各自的技术特点。

7.6 了解和使用更多的形式进行综合性的艺术表达，如电影、新闻报道、纪录片、广告、音乐视频、动画、游戏视频和其他组合形式等。

核心素养

审美情趣、理性思维、勇于探究、乐学善学、信息意识、珍爱生命、社会责任、国际理解、技术运用

教学策略

① 讲述　　③ 演示　　⑤ 讨论分享

② 展示　　④ 体验式

知识准备

艺术与环保的结合

　　艺术是人类运用特定媒介、形式和方法，将思想和情感表现为审美形象的创造性活动。艺术源于生活，是人与人、人与社会、人与自然相互作用的表现，是人类创造的文化结晶。艺术能够引领社会风尚，激励人的精神，陶冶人的情操。

　　环境问题已成为全球最关注，最重视的问题之一。越来越多的艺术家用艺术的表现形式来宣传自然环保的理念，唤醒全社会对生态环境问题的关注。无论是环保雕塑展、街头自然涂鸦比赛，还是可持续主题设计作品展，都催化着环保艺术作品的诞生。全世界各个领域的艺术家都在探索通过多种艺术形式，比如，音乐、绘画、摄影、舞蹈、雕塑、设计、戏剧影视等，来展现生态环境问题、传播自然保护的理念，从而获得观众共鸣，推动自然保护中的公众参与。

各种艺术形式与环保结合的作品案例分享

（1）音乐

● 公益歌曲《感谢》

　　用音乐和文字表达对野生生物和环境的赞美和关注是常用的一种艺术形式，它更容易被大众所接受并产生共鸣。

　　歌手张靓颖通过歌曲呼吁更多人关注江豚，加入保护它们的行列，并将发行这首单曲的全部版税捐给江豚保护的相关单位和机构（图2-56）。歌词中写道："是你的微笑让我确定，感谢你让温暖回归到自己，感谢爱在生命中延续，默契就是最美的旋律。"歌曲通过将江豚化身微笑天使，希望更多人能关注江豚保护，关注长江的环境。

©WWF/ 安俊森

▲ 图 2-56　江豚保护大使张靓颖女士与志愿者合唱歌曲《感谢》

（2）舞蹈

● Dolphin Dance Project（海豚舞项目）

　　这是一个舞蹈、影像和环保主题相结合的项目。艺术家通过 3D 摄影技术将舞者与海豚在海洋中翩翩共舞的画面收录下来，再使用沉浸式电影的方式进行展映，使观众能身临其境地感受海洋中人豚共舞的和谐之美（图2-57）。艺术家希望通过这个作品，让更多人欣赏到海豚的野性之美，激发人们思考人与自然的关系，意识到人类并不能凌驾和脱离自然。

▲ 图 2-57 经过训练的舞者与野生海豚共舞

（3）美术

- 街头涂鸦："献给长江，献给我素未谋面的长江江豚"

  2016 年的国际淡水豚日，著名涂鸦艺术家黄睿（RAY）和世界自然基金会在长江边上的一片"废墟"上联合制作了一幅江豚主题的街头涂鸦作品。希望通过这样的方式唤醒更多公众关注江豚（图 2-58）。

▲ 图 2-58 涂鸦师 RAY 和世界自然基金会一起制作的江豚主题街头涂鸦作品

- 海洋主题公益广告：用饮料瓶盖作画

  为唤起公众对海洋塑料垃圾议题的关注，世界自然基金会发起了一项面向社会收集废弃塑料瓶盖共创艺术作品的活动。这项活动共收集到了来自个人、企业和社会组织的上百个包裹，近 15000 枚废塑料瓶盖。这幅公益广告语写着："少数人能看到它，多数人却无视它"，这也反映出海洋塑料垃圾问题的严峻性和被忽视性（图 2-59）。

少数人能看到它
多数人却无视它

别再忽视塑料污染！
超过 **240** 种种种体内发现塑料颗粒，
下一个就是人类体内。

和WWF一起"净塑自然"

作品由网络征集的近15000个废弃塑料瓶盖制作

▲ 图 2-59　"净塑自然"主题海报

- 拼贴画展：《海塑》

  由于大量塑料垃圾制品涌入海洋中，导致海洋生物因缠绕、误食、附着等方式受到了影响。这一事实启发了奥地利艺术家沃洛夫冈·特雷特纳克和西班牙艺术家马尔·加里塔·西马德维拉共同完成系列作品《海塑》。他们将散落在西班牙的加利西亚（Galicia）海岸线上的塑料瓶、包装袋、渔网等垃圾收集起来，以拼贴画和悬挂饰物的形式进行重新设计，呈现出一幅幅海洋画面（图 2-60）。两位艺术家希望用这些充满诗意的画面，向公众传递一个严肃的主题：塑料摄入、缠绕和有毒物质污染等问题正折磨着海洋环境和海洋生物，是时候采取行动，避免这些问题继续发生了。

▲ 图 2-60　《海塑》展现场

（4）设计

● "拯救江豚的微笑"设计师海报展

2016 年，在中国（深圳）国际文化产业博览会（以下简称文博会）上，生活在长江沿岸的平面设计师们用 30 余幅具有非凡创造力的平面设计作品，表达了他们对江豚以及长江生态环境的忧思（图 2-61）。

作品 1：《微笑的"大白"》

设计师张弦坦言自己虽然从小在江边长大，却没有亲眼见过江豚，只是知道有这样一种动物的存在，也没有关注过它。因为这次参加江豚海报设计展，才第一次了解到关于江豚的诸多信息数据，第一次被江豚的微笑打动。

他觉得江豚的微笑可以引起我们对其生存状况的强烈关注与深切反思。他想用最简单的符号和图形去留住它的微笑，也让更多的人记住它的微笑。

作品 2：《命运！命运》

设计师闫如山回忆起几年前在鄱阳湖坐渡轮的情境，一群江豚围绕渡轮在湖面跳跃，特别可爱。当他得知江豚仅剩 1000 来头的时候十分诧异，是人类改变了它的命运，这也成为了这幅作品创作的源泉。

人类的指纹形状与河水波纹相似，江豚在里面游动。这个意象暗喻着江豚的命运和人类的命运紧密相连，人类在改变自然物种命运的同时，其实也改变了人类自身的命运。这幅海报既是呼吁人们对江豚命运的关注，也是对人类自身命运的关注。

作品 3：《网下留情》

设计师闫如山在进一步了解江豚生存现状后认识到，在普通人眼中看似与江豚无关的长江渔业资源过度捕捞问题也是威胁江豚生存的致命问题之一。这幅作品就是基于这个想法创作的，希望人们在进行捕捞时能关注网下的生命。

作者在网的连接处绘制了人的眼睛，一方面是感觉江豚的眼睛和人类有共鸣，另一方面也是传达网下的生命和人类一样，都是大自然的一部分，由此呼吁人们对加强身边生态环境的关注，共同维护一个可持续的、良好的生态环境。

作品 4：《被石化》

设计师郭恒斌说："听长辈讲，他们小时候在江里游泳时，经常能看到江豚，武汉人管它叫'江猪'，这个称呼既亲切可爱，又反映出江豚在当时还是挺常见的。由于生态破坏和人类影响，江豚的生存环境也发生了改变。江上的运输船只和挖砂、捕捞等活动都会伤害到它们。它们的数量逐年减少，好像生活在长江边上的武汉人都忘记了它的存在。"

他想通过自己的设计唤起人们的警醒，唤醒人们关注长江水生态环境、关爱江豚。在海洋馆，他看到了江豚的骨架。在他看来，这不仅仅是它的骨架，更像是一种祭奠。若现在再不加以保护，不需要多久，我们的后人只能通过博物馆、纪录片才能了解到这个江里可爱的动物。

在海报正中间，他使用了视觉冲击的方式来表达他的设计理念，让长江的轮廓成为一个龟裂的符号，又将江豚化石断裂开来，仿佛这块化石是从人类的手中高高摔下，碎成两块，暗喻着江豚生活在长江里，如果人类继续忽略它们的存在，它会灭绝在长江里。

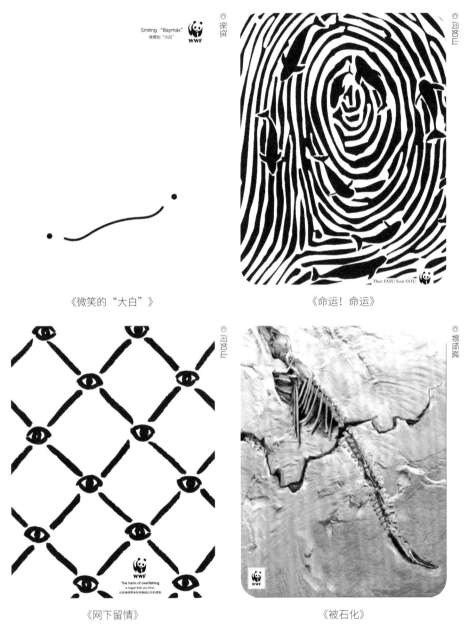

▲ 图 2-61 "拯救江豚的微笑"设计师海报展中的一些作品

（5）摄影

用影像记录是当今最直接表达环境问题的方法之一。摄影师一次次地按下快门，记录野生生物的生活，揭露真实的环境问题，以照片为载体，将这些信息传达给更多的人。

世界上有许多著名的摄影比赛，其中，与环境和野生生物主题相关的著名比赛有国际野生生物摄影年赛、美国《国家地理》全球摄影大赛和世界新闻摄影比赛（简称荷赛奖）等。国际野生生物摄影年赛由英国自然历史博物馆和英国广播公司（BBC Worldwide）共同举办，该项比赛的宗旨在于运用摄影的力量促使人们去发现、理解、尊重并欣赏大自然。每年的摄影大赛中都会涌现许多环保议题相关的作品。美国《国家地理》全球摄影大赛由美国国家地理学会发起，包含野生动物、自然、人物在内的多种类别摄影主题，其中的自然和野生动物主题更是涌现了一大批经典的作品。荷赛奖则包括新闻、人物、体育、当代热点、艺术、自然等在内的 10 类主题，基本覆盖了新闻摄影的各个方面。

（6）戏剧影视

如今，在纪录片、短视频、电影、电视、戏剧等不同类型的影视作品中，我们经常能看到与环保相关的主题。这些影视作品通过影像的力量，引发人们对人与自然关系的思考。

- 纪录片《海洋》（Oceans）

这是 2009 年由著名导演雅克·贝汉执导的以海洋为题材的纪录片。该片在展示海洋生物强大的生命力的同时，也拷问着人类对海洋的影响。该片的主题传达了希望能够让人们正视经济和资源的协调问题。全片没有过多的旁白解读，只让真实的镜头述说着故事。

- 纪录片《万类共生》

2020 年世界野生动植物日之际，世界自然基金会、深圳市一个地球自然基金会携手明日方舟发布公益纪录片《万类共生》。这部纪录片将镜头对准了生活在长江源头的雪豹，以及长江中下游的江豚，通过记录它们的生活以及它们的守护者，倡导长江大保护，呼吁更多人能关注长江濒危物种，关注它们生存的环境。

- 短视频

2021 年，世界自然基金会耗时一年制作了 500 个北极熊冰雕，并用这些冰雕的静态图片与实际环境背景结合，制作了一则 45 秒的公益短片，揭示全球气候变化的危机（图 2-62）。

▲ 图 2-62 北极熊冰雕正在气候变化下逐渐融化

（7）公共艺术

- 融化的冰人

受世界自然基金会委托，来自西班牙的街头艺术家内尔·阿泽维多雕刻了1000个小型的人形冰雕放置在柏林的宪兵广场上，冰雕在阳光的照射下融化殆尽（图2-63）。艺术家想通过这种形式提醒人们，由于气候变化导致冰川大量融化，海平面正在以超过以往的速度快速上升。这一行为威胁着包括人类在内的地球上所有生物。

▲ 图 2-63 融化的冰人

- 海洋生物雕塑展

一个名为冲上海滩的美国环保组织用在海滩上收集到的垃圾纸做成了各种海洋生物的雕塑（如2-64）。这些雕塑都有一个特点，它们好像在呐喊、呼吁更多人关注海洋垃圾问题，还海洋一个清洁的环境。

©Washed Ashore

▲ 图 2-64　用在海滩收集到的垃圾制作的海洋生物雕塑

- 旗舰物种巡展

　　在中国政府与科研机构、社会各界等的共同努力下，野生大熊猫种群已由 1980 年的约 1000 只上升到全国第四次大熊猫普查的 1864 只。为了结合国际熊猫日（每年 10 月 27 日）的宣传，深圳市一个地球自然基金会联合艺术家韩美林共同推出了 1864 大熊猫巡展系列活动（图 2-65）。在熊猫展中，1864 只憨态可掬、由环保纸制成的大熊猫从故乡成都启程，在不同的城市进行巡展。借助这一系列的活动，希望社会各界像关爱大熊猫一样，关注和支持其他物种以及自然保护工作。

© 一个地球

▲ 图 2-65　在北京进行的 1864 熊猫展（I）

▲ 图 2-65 在北京进行的 1864 熊猫展（Ⅱ）

给不同年龄段受众开展本节课程的教学建议

根据不同年龄段儿童和青少年的心理特征，进行不同形式的艺术培养，有助于增强其对自然和人类社会的热爱及责任感，形成创造美好生活的愿望与能力。下面是针对不同年龄段儿童和青少年给出的一些教学建议。

（1）学龄前

这一年龄段的儿童的手脑协调刚好处于发展阶段，简单形式的如绘画涂鸦、拼搭积木、拓印等都比较适合。在这一阶段的儿童已经会用自己的方式进行表达，在成人看来这些作品可能会很抽象。此时，建议教师多提供鼓励，不用刻意引导，顺其自然即可。

（2）小学

这个年龄段的学生正是艺术启蒙的关键阶段，他们充满想象力，通常会用艺术表现自己内心真正的想法。一般适合小学的艺术形式有绘画、戏剧、陶土、剪纸、舞蹈等。

（3）中学

这个年龄段的学生思想更为开阔，有一定的造型和理解能力，逐渐进入成熟期。这个时期的学生更容易对雕塑、美术和展现自身表达能力的戏剧、行为艺术、摄影等表现出较强的兴趣。

（4）高中及以上

这个年龄段的学生思想已经接近成人，可以接受更为复杂的艺术教育，将生活中的所见所闻、情感通过多种艺术形式进行表达。

教学内容

1 引入
5~10 分钟

1.1 教师开场介绍。从前续课程的内容引出江豚保护的活动主题。教师可以鼓励学生分享公众参与环保的常见途径，并收集相关答案，引导学生注意到宣传教育对环保的重要作用。

1.2 教师向学生展现两张图片，一张是传统的口号标语，如保护江豚，另一张是江豚主题的公益海报，比如，江豚在水中自由遨游的画面，或者展现江豚"微笑"的画面，请学生欣赏并对两种传播方式进行比较，随后引导学生体会到相比宣传标语，运用艺术的表现形式更容易引起公众的共鸣。

1.3 教师请同学分享曾经见过的以环境保护为主题的艺术作品，并试着回忆观展的地点、主题以及感受。如果学生对艺术作品的理解有困难，教师也可以通过举例的方式帮助学生理解，如雕塑、绘画、装置艺术或者具有创意性的公益广告等。教师可以从知识准备中提供的案例选取合适的例子，以图片、视频形式加以展示。教师应尽可能鼓励学生用简短的方式回答问题，教师可以将收集的答案记录在白板上。

1.4 教师引出本节课程的主题，邀请学生共同探索运用艺术形式表现江豚的生存现状，表达对江豚的情感，呼吁更多人的关注。

时长缩短建议

教师也可提前准备 1~2 个广受社会关注的环保题材艺术作品，引导学生思考艺术与环保结合的形式。

2 构建
20~30 分钟

2.1 教师将学生分成若干组，每组 4~8 人。邀请学生欣赏一组江豚主题的设计作品（见学生任务单）。教师介绍，在 2016 年的中国（深圳）国际文博会上，生活在长江沿岸的平面设计师们用 30 余幅具有非凡创造力的平面设计作品，表达了他们对江豚以及长江生态环境的忧思。请学生欣赏以下几幅作品并展开讨论。每组讨论一幅作品，可围绕以下问题展开讨论，包括：

①在这幅作品中你们看到了什么？

②从这幅作品中你感受到了什么情绪？为什么？

③你们认为作者希望传递的核心信息是什么？

④你们如何评价这幅作品？

2.2 教师邀请各组代表进行分享，引导学生理解艺术创作在引领公众参与环境保护中作用和意义，认识到艺术是引导公众关注和参与环保的有效途径之一，通过艺术作品，可以传播自然保护的理念、引导社会公众观念的转变、

战略合作伙伴
STRATEGIC
PARTNERS
WWF
ONE PLANET
一个地球

推动人们行为的养成等。随着生态环境问题日益受到全人类的关注，越来越多的艺术家运用多样的艺术形式来表达自然保护的理念。

2.3 教师结合引入环节学生分享的案例，根据学生的年龄、授课的时长条件，运用图片和视频方式再补充展示几个艺术和环保结合的案例。教师在展示每个案例时，可以参考 2.1 中的问题，引导学生理解创作者希望传递的信息。如果时间充足，教师还可以提前将这些作品打印出来，做成一个小型展览，请学生们观看。

2.4 接下来，教师可以展示一些可能会传递错误信息的艺术作品（例如，以江豚在荷塘莲叶中嬉戏为场景设计的作品，错误地反映了该物种实际生活的栖息环境）。教师可以直接询问学生，环保主题的创作是否应该遵循一些原则。教师可以进一步引导学生讨论这些原则，比如，可不可以不尊重科学事实，传递错误的信息？是否需要遵循生命伦理？教师可以鼓励学生进行充分的讨论，这不仅有助于学生后续实践活动的开展，也有助于他们未来去评价和欣赏更多的环保艺术。

2.5 教师继续询问学生谁可以创作这些环保艺术作品，以此帮助学生意识到普通人也能参与环保艺术创作，通过艺术的方式可以促进人与人、人与社会、人与自然的对话。

---

3 实践
60~130 分钟

3.1 创作实践：用艺术守护江豚。

3.2 学生通过前续课程的学习，已经明白守护江豚需要大家的共同努力，教师邀请学生运用艺术的方式，激发更多人关注和参与江豚的保护。

3.3 教师介绍任务：请学生以小组为单位，针对"江豚"主题开展艺术作品创作。小组可以讨论制定具体的作品主题，教师也可以根据学生的年龄对主题的策划过程进行引导。例如，低年级可以侧重展现江豚的外形特征与生活习性，高年级则可以通过创新手法宣传江豚保护的重要性以及江豚保护工作的历程和成果等。同时，教师也可以鼓励学生通过图书馆、数字资源库等方式获取更多的信息。

3.4 教师可以根据学生的年龄，推荐 1~2 种艺术表现形式进行创作，例如，海报、画作、雕塑、折纸、动画、摄影、诗朗诵、舞蹈等。教师应提前准备一些艺术创作的工具，如海报纸、水彩笔、丙烯颜料和笔、喷色塑料瓶、超轻黏土、软陶、各种颜色的布料、废弃物，等等，也可以鼓励学生自行收集或运用多媒体技术进行创作。

3.5 每个小组还需要为自己组的作品设计一个作品名和一段创作说明。

教师可以根据课程的时间安排，制定创作设计的时间。可以是 1~2 个小时，也可以为学生留出更多的创作时间。

3.6 作品完成后，教师邀请学生共同来举办一个江豚主题的艺术展，请学生们将作品逐一在展区内进行布置。

时长缩短建议

教师可以给出明确的创作时间限制和材料限制，请学生在规定时间内用现场的物品完成创作。也可以请学生提前构思，并自行准备工具带到现场进行创作，或者只在课上分享作品构思的想法，包括主题、作品名、作品内容等，课后完成制作。

---

4 分享
30~60 分钟

4.1 教师邀请学生在展区内进行参观，欣赏同学的作品。

4.2 作品欣赏完毕后，教师可以带领学生一一走过每幅作品，并且邀请小组代表进行创作介绍和疑问解答。教师也可以通过一些问题来引导学生之间的交流。比如，询问学生：在这场江豚主题的展览中，你看到了什么？对哪个作品非常好奇，或者印象深刻，或者出乎意外，为什么？你对江豚主题的艺术创作有什么发现？你学到了什么？你觉得如果还有机会来改善你们的作品，你会怎么做？

4.3 在交流的基础上，启发学生思考如何运用自己创作的作品来支持江豚的保护工作。

时长缩短建议

教师可以根据时间对分享的形式进行调整。

---

5 总结
5~10 分钟

5.1 邀请学生分享通过这堂课学到的内容。

5.2 询问学生这堂课程或这次创作经验对自己的启发。

5.3 鼓励学生将作品进一步完善后发布或展示。

---

6 评估

6.1 能够理解环保艺术的目的，是通过艺术的手段向公众传递自然保护的理念，唤醒更多人关注。

6.2 能够运用江豚保护相关的知识以及对环保艺术的理解，初步构思或创作江豚主题的艺术作品。

6.3 认同环保艺术在促进公众意识提升和参与自然保护中的积极作用。

6.4 愿意将自己的作品分享给更多人，呼吁身边的人关注江豚保护。

7 拓展

7.1 内容拓展

深度拓展

在校内或社区内组织一场江豚艺术展，也可通过新媒体平台展示江豚艺术作品，请学生在分享江豚故事的同时，能积极与观众进行沟通交流，并鼓励观众身体力行支持江豚保护项目，如不食用长江野生鱼、为江豚保护项目提供捐赠等。

广度拓展

以"不同艺术形式对野生动物保护宣传的影响""艺术：引领社会与自然的对话""论艺术行业介入生态环保领域的可行路径"等内容为题开展课题研究。

请学生以组为单位选定一种或某种艺术形式，研究全球以鲸豚类为主题的艺术案例，并进行一场分享活动。

7.2 形式拓展

针对不同的年龄层，有不同的艺术展现形式。以下几种可供拓展环节开展。

小学生：绘画、摄影、软陶雕塑、剪纸、海报展等。

中学生：海报展、短视频、舞蹈、音乐等。

高中生：不限形式。

共创江豚艺术展　　　　　　　　【学生任务单】

江豚主题设计海报赏析

作品 1： 《微笑的"大白"》

Smiling "Baymax"
微笑的"大白"

共创江豚艺术展　　　　　　　　　【学生任务单】

江豚主题设计海报赏析

作品 2：《命运！命运》

共创江豚艺术展　　　　　　　　　　【学生任务单】

江豚主题设计海报赏析

作品 3：《网下留情》

江豚主题设计海报赏析

作品 4：《被石化》

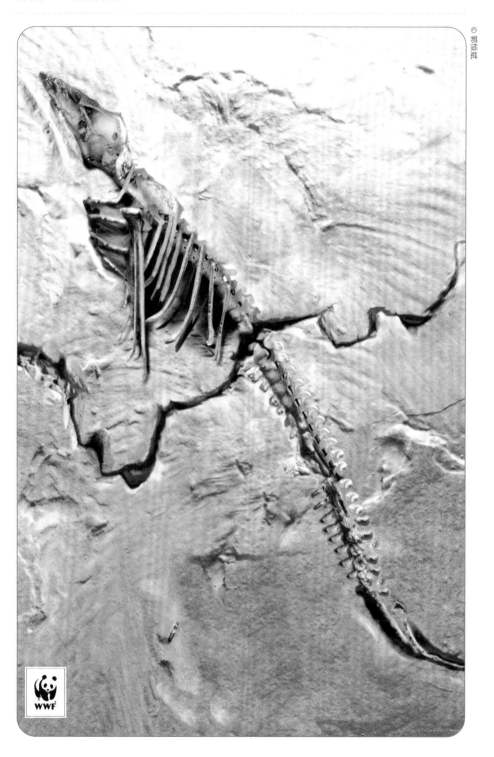

单元主题 3: 明日社区

09 走近江豚社区

授课对象	
初中生	
活动时长	
60 分钟（120 分钟）	
授课地点	
室内，实践环节可结合室外开展	
扩展人群	
小学生、高中生及以上	
适宜季节	
春夏秋冬	
授课师生比	
1:4：(20~30)	
辅助教具	
课件 PPT、笔、海报纸、问卷模板、板夹	
知识点	
• 自然保护区的定义和功能区划	
• 利益相关方	
• 社会调查的目的和一般步骤	
• 访谈调查法	
• 社区共管	

教学目标

1. 了解中国的自然保护区的定义、功能区划以及保护要求。

2. 掌握利益相关者的基本概念，初步理解社区参与保护区建设的重要性。

3. 理解在自然保护领域应用社会调查的必要性和主要目的。

4. 能够基于调查问卷开展提纲设计和社区访谈。

涉及《指南》中的环境教育目标

环境态度

3.2.2　关注家乡所在区域和国家的环境问题，有积极参与环保行动的强烈愿望。

3.2.3　愿意倾听他人的观点与意见，乐于与他人共享信息和资源。

3.2.6　树立可持续发展观念，愿意承担保护环境的责任。

技能方法

4.2.3　围绕身边的环境问题选择适宜的探究方法，确定探究范围，选择相应的调查工具。

4.2.4　依据环境调查方案，搜集、评价和整理相关信息。

环境行动

5.2.1　具有参与制定环境调查活动计划的经验。

5.2.4　具有参与地区性环境议题调查研究的经验。

与《课标》的联系

初中地理

5.3.3　举例说明家乡环境及生产发展给当地居民生活带来的影响和变化，并尝试用绿色发展理念，对家乡的发展规划提出合理建议，增强热爱家乡、建设家乡的意识。

7.2　设计简单的调查方案，利用问卷、访谈等形式进行社会调查。

初中生物

2.4　我国拥有丰富的动植物资源，保护生物的多样性是每个人应有的责任。

2.4.2　可通过就地保护、迁地保护等多种方式保护生物资源；有关野生动植物
资源保护的法律法规是保护生物资源的基本遵循。

核心素养

理性思维、勇于探究、乐学善学、信息意识、问题解决、技术运用

教学策略

① 讲述　　　　　⑤ 体验式

② 展示　　　　　⑥ 讨论分享

③ 演示　　　　　⑦ 社会调查

④ 问答评述

知识准备

自然保护区的定义与功能区划

根据《中华人民共和国自然保护区条例》，自然保护区是指对有代表性的
自然生态系统、珍稀、濒危野生动植物物种的天然集中分布区、有特殊意义的
自然遗迹等保护对象所在的陆地、陆地水体或者海域，依法划出一定面积予以
特殊保护和管理的区域（图 2-67）。在自然保护区建设过程中，我国长期以来
将其分为核心区、缓冲区和实验区（图 2-68）。

- 核心区：自然保护区内保存完好的天然状态的生态系统以及珍稀濒危植物的
集中分布地，禁止任何单位和个人进入；除特别批准外，也不允许进
入从事科学研究活动。

- 缓冲区：只准进入从事科学研究观测活动。

- 实验区：可以进入从事科学试验，教学实习，参观考察，旅游以及驯化、
繁殖珍稀、濒危野生动植物等活动。

除另外规定，禁止在自然保护区内进行砍伐、放牧、狩猎、捕捞、采药、开垦、
烧荒、开矿、采石、挖沙等活动。禁止在自然保护区的缓冲区开展旅游和生产经营。

▲ 图 2-67　何王庙长江江豚省级自然保护区

自然保护区管理机构的主要职责

①贯彻执行国家有关自然保护的法律、法规和方针、政策。

②制定自然保护区的各项管理制度，统一管理自然保护区。

③调查自然资源并建立档案，组织环境监测，保护自然保护区内的自然环境和自然资源。

④组织或者协助有关部门开展自然保护区的科学研究工作。

⑤进行自然保护的宣传教育。

⑥在不影响自然保护区的自然环境和自然资源的前提下，组织开展参观、旅游等活动。

图例

保护区水道
（故道）

部分岸上区域

核心区

缓冲区

实验区

长江干流

▲ 图 2-68　湖北监利何王庙长江江豚省级自然保护区规划示意图

自然保护区的现实困难与改革举措

经过 60 多年建设，中国自然保护区在保护生物多样性、保存自然遗产、改善生态环境质量和维护国家生态安全方面发挥了重要作用。然而，由于一些保护区在建立初期缺少系统调查研究和科学规划设计，大量村镇、农地、集体林、人工商品林和一些工矿企业等都被圈进了保护区范围，永久基本农田与生态保护红线交叉重叠，致使一些原住居民陷入生存与发展的困境，自然生态保护与社会经济发展矛盾突出，自然保护区管理工作也困难重重。

2020 年 2 月，自然资源部、国家林业和草原局下发文件《关于做好自然保护区范围及功能分区优化调整前期有关工作的函》[以下简称自然资涵（2020）71 号文件] 提出，自然保护区功能分区由核心区、缓冲区、实验区转为核心保护区和一般控制区（简称"三区变两区"）。这一政策有利于自然保护区原实验区内无人为活动且具有重要保护价值的区域，特别是国家和省级重点保护野生动植物分布的关键区域、生态廊道的重要节点、重要自然遗迹等，也转为核心保护区。

社区共管

保护区的设立往往会影响周边社区原有的自然资源使用和发展规划，因此不可避免地会导致保护区与社区之间的矛盾。为解决发展和保护之间的冲突，很多国家和地区开始尝试社区共管的模式，由保护区管理机构与保护区周边社区群众，共同参与保护区保护管理方案的决策、实施和评估过程（图 2-69）。双方往往会通过签订合作保护协议等方式共同保护自然保护区及周边自然资源，

▲ 图 2-69 天鹅洲白鳍豚国家级自然保护区

避免或减少对自然资源的影响与破坏；同时，通过积极参与保护区的保护和管理工作，提升社区经济发展和生活水平，减少由于生态保护给社区带来的限制和约束，从而切实有效地化解社区与保护区之间的矛盾冲突。

如今，在国内的很多自然保护区都在探索符合当地情况的"社区共管"模式。以豚类保护区为例，通过为当地渔民提供专业培训，支持其转变职业，成为保护区巡护员、护渔员，参与保护工作。

社会调查在自然保护领域的运用

社会调查一般指直接收集社会资料或数据的过程与方法，以进行社会研究。社会研究的直接目的是认识、了解社会的各种现象、问题和各种社会条件，发现和分析社会过程、社会变化以及社会发展的趋势，提供认识社会的各种数据、资料，形成科学的概念、原理和理论。

谈到自然保护一定离不开人。所以，在自然保护领域，了解公众的保护态度、保护认知以及日常行为往往也是设计和开展保护工作时非常重要的一项内容。尤其对于那些生活在保护地周边的公众来说，他们对于保护政策的理解、支持是保护地自然保护工作中非常关键的内容，因为这些保护政策对他们的生产生活方式影响是最直接的。

以江豚保护为例，长江禁捕后当地渔民生活的转型成为非常重要的民生问题。此时，各地政府会开展社会调查工作，了解渔民对于政策法规的理解程度、实际生产转型的难点和需求，以指导具体工作的开展。

开展社会调查的重要步骤

①明确调查的内容：调查工作启动前首先确定调查研究的方向。

②成立调查工作团队：组建调查研究小组，并且可根据工作内容对组内人员进行分工安排。

③明确调查对象：确认调查对象的范围，并进行分层分类设计。

④设计调查方案：根据调查的目的和资源，开展调查方法选择和方案设计。

⑤收集信息：执行调查方案并获得相关的信息。

⑥分析信息、得出结论：对收集的数据、文字等信息进行整理、分析，得出结论并提出建议。

常用的社会调查方法

在开展一项社会调查时，通常可以包含两类工作。一类是在基于已有的资料所进行的背景研究工作，一类是自己亲身实践开展的调查工作。前者可通过文献、书籍、报纸等资料以及中国知网、万方等数字资源库进行。它可以帮助调查者获得在开展现场调研所需要的背景信息。

在调查者亲自开展调查工作时，可采取以下方法。

①实地观察法：通过自己的感受或借助科学观察工具，通过直观感知的方式去观察处于自然状态下的社会现象。

②问卷调查法：通过填写问卷的方法进行调查。问卷调查法适合场景较多，可以用线下入户调查，也可以通过线上调查，具有高效、客观和统一性的优势。

③访谈法：通过访谈的方式进行调查。

下面将重点介绍访谈法

访谈，是以口头交流的形式，根据被询问者回答的内容，记录下客观的、不带偏见的事实材料，以准确地说明样本所要代表的总体的一种方式，尤其是在研究比较复杂的问题时需要向不同类型的人了解不同类型的材料（图2-70）。

▲ 图 2-70　调查小组在天鹅洲自然保护区的工作人员和当地居民访谈

在调查社会周边野生动物的信息及当地居民对野生动物和保护区的态度时比较适合用访谈法进行，如某种动物的分布、数量、食性、利用、人们对该动物的态度、对保护该动物的保护区的态度，保护政策对社区的影响等。

在社区访谈中常常采用以下方法。

• 结构式访谈法

又称标准访谈，它是一种对访谈过程高度控制的访问。这种访谈的受访者必须按照统一的标准和方法选取。所有被访者提出的问题、提问的次序和方式以及对被访者回答的记录方式等，是完全统一的。为确保这种统一性，通常采用事先统一设计、有一定结构的问卷进行访问。这样的访谈方式更适合范围较广的普查。

• 半结构式访谈法

指调查者在与调查对象的访谈中按事先准备的访谈大纲进行访谈的方法。调查者在访谈中保持一种开放的方式，事先并不硬性规定语言表述方式，也不确定提问的顺序。在访谈中，调查者只是部分地控制访谈的进展，鼓励受访者就某一主题进行自由谈论。若受访者回答比较表浅，调查者可以进一步引导其深入地交谈下去。与结构式访谈相比，调查者通过半结构式访谈可能会获得更多的信息和资料。这种方法有利于探讨复杂和深层次的问题，例如，调查人们对野生动物、保护区的态度。其局限性在于结果不便于定量分析。

两种方法各有特点，各有优劣，在调查中，通常会两种方法结合运用，以最大限度发挥访谈法的作用。

在野生动物调查中访谈法需要考虑的因素

- 访谈对象的选择

访谈的对象都是和研究主题有直接或间接接触的人员，如常年生活在这一地区的年长者、护渔员、当地党政干部、当地居民、保护区管理人员等。还可以根据调查主题，根据利益关联程度对受访者进行划分。总之，要根据研究对象、手段及目的来决定访谈对象。

- 访谈对象数量

需要有一定的访谈数量以保证数据的全面性并可以进行统计分析。

- 访谈技巧

访问调查是一项技巧性很强的科研活动，适当运用一些访谈技巧有利于访谈活动的开展。下面是整理的一些技巧。

①选择对方相对空闲的时间进行访谈，说明访谈大概需要的时长。

②开始时要向受访者介绍自己，说明访谈的目的及形式，可承诺访谈结果只用于工作目的，打消其顾虑。

③提问时尽量用当地的方言，使语言具有通俗化、地方化、生活化的特点。最好有当地人员陪同。

④访谈过程中多倾听，可以通过重复受访者的话，以及不断地询问"为什么"来引导对方更深入地回答。

⑤在访谈的过程中要及时记录受访者的回答，并且在对方回答的基础上继续提问。

⑥尽量问事实不问喜好。

⑦录音与拍照之前征得被访者的同意。

⑧以开放性问题为主。

⑨避免诱导性的问题。

⑩访谈结束时要告知受访者，并向其表示感谢，也可以准备小礼物表示感谢。

访谈内容的设计建议

社区访谈的内容一般包括以下部分。

- 基本信息：包括年龄、性别、职业、在社区居住的时长、家庭人口、经济收入等。
- 日常活动：受访者日常在社区或者保护地的活动情况。
- 受访者对研究问题的看法：如对生态物种、环境问题等内容的了解情况，对保护措施的态度，保护政策对自身的影响，对保护工作的建议等问题。

教学内容

1 引入
5~10 分钟

1.1 教师开场介绍：教师询问学生江豚所生活的长江中下游干流和两湖周边，除了江豚之外，还有哪些生命生活在这里，从而引导学生意识到，除了动植物，在江豚的栖息地还生活着人类。

1.2 教师继续启发学生分享，江豚保护区内的人类活动会对江豚产生哪些影响。在收集完学生的答案后，可以进一步询问学生，有什么办法可以减少这种影响。教师可以请学生踊跃发言，随后可以尝试按保护措施的严格程度来对学生的答案进行排序。

1.3 教师可以找出其中最为严格的保护措施，询问学生：如果按照这个措施实施，可能会对当地的人们产生哪些影响。教师可以启发学生从生产、生活等角度思考这种影响。

1.4 教师询问学生，保护工作的开展是否要考虑当地社区居民的生活和生产。教师无须评价学生的答案，而是通过这些问题的层层引导，帮助学生理解自然保护工作的复杂性，可持续的保护一定需要得到保护区周边居民的支持。最后，教师引出本节课程的任务，即通过走进江豚社区，了解社区如何看待保护，以及他们的生活因为保护而受到的影响和改变。

时长缩短建议

如果本节课直接在保护区内进行，教师可以引导学生分享自己所了解的，该保护区社区居民可能面临的发展与保护的冲突，通过一些问题启发学生意识到保护工作离不开人的支持和参与。

2 构建
15~30 分钟

2.1 教师说明要了解社区和保护区的关系，首先要认识保护区，随后介绍中国的自然保护区定义，帮助学生理解自然保护区设立的目的。

2.2 教师向学生展示一组人类活动的图片或文字，询问学生下列哪些活动允许在自然保护区内开展。下面列举了一些可供展示的案例：砍伐（否）、放牧（否）、狩猎（否）、捕捞（否）、开垦（否）、开矿（否）、挖沙（否）、教育活动（是）、科学观测（是）、参观考察（是）、旅游（是）以及驯化、繁殖珍稀濒危野生动植物（是）。

2.3 教师收集学生的答案后，正式揭晓答案，随后简要结合保护区的功能区划，介绍核心区、缓冲区和实验区的活动要求，说明科学观测仅在缓冲区和实验区进行，参观考察和旅游仅在实验区进行。

2.4 教师说明通常保护区内并不允许社区村民进行生产活动，而保护区周边有社区。按照对保护区管理的要求，你们认为他们的日常生活会因为保护区的设立而受到哪些影响。请学生讨论社区中的哪些群体可能会因为设立江豚自然保护区而利益受损，哪些人会因此而受益。教师可以将学生的答案列在白板上。

2.5 教师指出，这些与保护区建设有利害关系的个人和群体，都属于利益相关方。教师可以展示 4 个案例，请学生讨论，社区发展与自然保护工作产生冲突的本质。教师根据学生的讨论结果，引导学生理解社区和保护区的冲突背后的原因是保护理念、生存空间、资源权属的冲突等，反映出的是保护和发展的冲突。

2.6 教师可以进一步提问：你认为保护区内的自然资源应该由谁来保护？就当前情况来看，你觉得如何更好地让社区参与和支持保护工作，同时也更好地解决社区的发展诉求呢？

2.7 教师引出社会调查的方法，介绍社会调查的定义、常见的社会调查方法及其在自然保护中的应用价值，解释通过社会调查可以帮助我们了解社区的保护态度、保护认知以及生产、生活所必需的自然资源。只有充分了解后，才能设计更好的保护方案，才能让社区参与自然保护。

2.8 教师可以询问学生，是否参与过社会调查，有哪些类型，随后展示一张自然保护地开展访谈的照片，介绍在社区内较为常用的访谈法、访谈对象和通常的发生场景。

2.9 教师请学生思考：如果利用访谈法进行关于筹建或管理江豚保护区的调查，需要准备哪些工作？教师可以将学生的答案记录下来，也可以从开展社会调查的重要步骤引导学生进行梳理和总结。

2.10 教师向学生介绍社区访谈问卷的一般内容构成和社区调查的技巧。教师可以选择助教或者学生进行角色扮演，情境化演示社区调查的技巧。

> **时长缩短建议**

如果该课程在江豚保护区内开展，教师可以直接引出保护区内的真实案例，随后请学生进行讨论。

---

3 实践
20~30 分钟

3.1 练习：社区访谈问卷设计。

3.2 教师可以根据课程的时长以及学生的年龄情况来制定合适的实践任务。如果本课程在江豚保护区内开展，教师可以在此简要介绍该保护区的成立情况，保护区内的社区成员结构、经济产业活动数据等。如果课程未在保护区内进行，教师可以选择一个附近的保护区作为案例，并介绍相应的信息。

WWF
STRATEGIC
PARTNERS
ONE PLANET
一个地球
战略合作伙伴

3.3 教师提前将按照小组数量准备社区访问调查表（见学生任务单），并将社区采访对象类型写在抽签纸条上，每张纸上写一种采访对象，如渔民、村干部、保护区工作人员，等等。教师可以根据保护区的实际情况进行采访对象设计。

3.4 教师将学生按照每组 4~6 人进行分组，每组上前领取一份社区访问调查表样例以及抽取采访对象。

3.5 教师请各组学生讨论，根据采访对象，确认本组的调查主题，并参考提供的访问调查表样例，设计合适的访问调查表。在分享环节，每组将派 1~2 位学生通过与助教或者保护区工作人员现场访谈的方式进行演示。

3.6 如果学生对访问调查表内容有疑问，教师应予以解释说明。

时长缩短建议

教师可以适当控制采访问题的数量以及演示时长。

---

4 分享
15~40 分钟

4.1 教师请助教或保护区人员配合扮演访谈对象，随后请各组学生依次上台演示。建议助教在扮演受访者时可表达一些反对者的观点。

4.2 教师请学生对各组的访问调查表设计和演示进行点评，有哪些做得好的地方，哪些需要修改，并提供相应的完善建议。教师也可以询问学生访谈中遇到的挑战与学到的经验。

4.3 教师根据学生设计的访问调查表的情况，进行总结，并可以就改善访问调查表设计给出具体的建议，请各组学生汇总后进行完善访问调查表设计。

4.4 教师还可以通过一些问题的引导，帮助学生进一步理解访谈法在社区工作中运用的优势。例如，启发学生思考封闭式问题和开放式问题的优点和缺点，通过与问卷调查法对比，思考访谈法的主要应用场景和优势。

4.5 教师请学生思考：假设今天的调查任务完成了，在收集到了调查信息后，通常还需要做什么？这些信息如何能支持我们的社区工作？教师在学生讨论后，进行总结，并引出社区共管的保护模式和案例，说明这种模式的优势，并且说明这种模式在很多保护区内都在推广应用。

时长缩短建议

控制每个小组分享和讨论的时间。

5 总结
5~10 分钟

5.1 教师请学生分享：通过本次课程的学习，对自然保护区的保护工作有了哪些不一样的认识和理解？

5.2 教师请学生思考：除了自然保护区，在开展自然保护的时候，社会调查工具还可以应用在哪些方面？鼓励学生将社会调查工具应用在自己的学习和生活中。

6 评估

6.1 可以用自己的语言描述什么是自然保护区。

6.2 能够举例说明社区参与保护区建设的重要性。

6.3 能够参考问卷样例，设计一份符合调查目的的访问调查表。

6.4 能够通过小组练习和演示，获得社区访谈和访谈提纲设计的经验。

7 拓展

7.1 内容拓展

深度拓展

如有条件，访问调查表完善完毕后，教师可以请每组实地进入保护区周边社区居民家中开展访谈工作。请每组依次分享通过访谈所了解的当地社区居民生活和生产受自然保护区建设管理、保护政策的影响和改变。教师可以引导学生从保护工作的现实困难以及协调江豚保护与社区发展的对策建议两方面进行分享。如果时间充裕，教师还可以请各组对访谈的结果进行适当归纳分析，并以海报、思维导图、访谈报告等形式汇报。

学生也可设计并完善几份针对其他利益相关者（如保护区管理人员、其他政府部门工作人员、生态产业投资方等）的访问调查表。

请学生根据豚类保护区的情况，设计一个调查方案。从选定主题，如保护区实行社区共管的可行性、保护区管理中存在的问题及深层原因等，设计社会调查工作步骤，最终完成一份关于保护区的社会调查方案。

广度拓展

教师向学生介绍中国正在推进自然保护区功能分区优化工作，由核心区、缓冲区、实验区转为核心保护区和一般控制区。请学生通过资料搜集和分析，了解这个优化工作的目的和可能的挑战。

了解社会调查方法在环境保护领域的应用案例。

将社会调查工具运用于其他领域，如职业选择，并完成一次社会实践。

明日社区

江豚保护区社区访问调查表

尊敬的先生 / 女士:

您好!

　　为了了解某江豚自然保护区社区居民参与保护的状况,寻求一种既有利于改善保护区居民生活状况,又利于自然保护目标实现的有效管理手段,我们组织了本项调查,希望您能配合。本次调查采用无记名方式,所有资料我们将进行保密,请您放心。

某江豚保护调查组

1. 最近半年您从事过哪些生产活动?

A. 捕捞　　　　B. 种粮　　　　C. 养殖　　　　D. 种植经济作物　　　　E. 外出打工

F. 其他（请注明）＿＿＿＿＿＿＿＿＿＿＿＿＿＿＿＿＿＿＿

2. 保护区成立以后,您参加过以下哪些活动?

A. 什么也没从事过（跳答第 4 题）　　　　　B. 巡查协管（保护区聘用的巡护员）

C. 承包鱼塘（养鱼）　　　　　　　　　D. 种地　　　　　　　　　E. 开餐馆

F. 其他（请注明）＿＿＿＿＿＿＿＿＿＿＿＿＿＿＿＿＿＿＿

3. 您为什么要参加以上活动?

A. 保护区组织　　　　B. 村民自发组织　　　　C. 地方政府要求

D. 自己愿意　　　　E. 法律规定

F. 其他（请注明）＿＿＿＿＿＿＿＿＿＿＿＿＿＿＿＿＿＿＿

4. 据您所知,保护区成立以后村民还从事以下这些活动吗?

A. 拉网捕鱼　　　　B. 下水捞鱼　　　　C. 开船捕鱼　　　　D. 不从事（跳答第 6 题）

5. 您认为村民为什么要从事以上活动?

＿＿＿＿＿＿＿＿＿＿＿＿＿＿＿＿＿＿＿＿＿＿＿＿＿＿＿＿＿＿＿

＿＿＿＿＿＿＿＿＿＿＿＿＿＿＿＿＿＿＿＿＿＿＿＿＿＿＿＿＿＿＿

＿＿＿＿＿＿＿＿＿＿＿＿＿＿＿＿＿＿＿＿＿＿＿＿＿＿＿＿＿＿＿

走进江豚社区　　　　　　　　　【学生任务单】

江豚保护区社区访问调查表

6. 您了解与江豚保护的政策法规吗？

	非常了解	比较了解	了解一些	不太了解	根本不了解
《中华人民共和国长江保护法》					
《中华人民共和国野生动物保护法》					
《中华人民共和国自然保护区条例》					

7. 除了以上内容，您还知道哪些与江豚保护有关的政策规定？

_____

_____

_____

8. 保护区制定这些政策规定时征求过居民的意见吗？

A. 征求了　　　　　B. 没有（跳答第 10 题）　　　　C. 不记得（跳答第 10 题）

9. 如果有，是关于什么？

_____

_____

10. 长江"十年禁渔"政策实施后，对您的生产、生活带来哪些影响？

_____

11. 保护区成立以后，您的生活在以下方面有什么改善吗？（哪些方面变好了？）

A. 什么都没变　　　　B. 道路交通　　　　C. 生活设施

D. 医疗卫生　　　　E. 教育娱乐　　　　F. 其他（请注明）

_____

12. 保护区成立以后是否给您的生活带来不便？

A. 是　　　　　　　　B. 否

如果有，是关于什么？ _____

江豚保护区社区访问调查表

13. 请您谈谈保护区成立后带来了哪些具体的积极和负面的影响？

_____

_____

_____

14. 您认为保护区内的自然资源应该由谁来保护？

A. 国家政府　　　B. 保护区管理局　　　C. 村民自己　　　D. 社会各界　　　E. 不知道

15. 就当前情况来看，您觉得村民在自然保护工作中发挥了作用吗？

A. 发挥了非常大的作用　　　　　　　　B. 发挥了比较大的作用

C. 发挥了一些作用　　　　　　　　　　D. 发挥了很少的作用

E. 根本没发挥任何作用

16. 您认为村民为什么发挥或没发挥作用？

_____

_____

17. 现在保护区是怎么管理的，您觉得这样管理好吗？为什么？

_____

_____

_____

18. 保护区成立之前，你们是怎么使用资源的？有没有什么村规民约来限制资源的使用？保护区成立之后，这些村规民约发生变化了吗？发生了什么变化？

_____

_____

_____

COPY
复印页

江豚保护区社区访问调查表

19. 您觉得现在保护区管理局与村民是什么样的关系？为什么？

_____

_____

_____

20. 您听说过社区共管么？

A. 听说过　　　　B. 没听说过（跳答第 22 题）

21. 您希望在江豚保护区实行社区共管吗？为什么？

_____

_____

_____

22. 请问您家去年的现金总收入大概多少？主要来自什么活动？

_____

_____

_____

个人基本资料

受访者性别：男 / 女　年龄：_____　文化程度：_____

本地居住年限：_____　职业：_____

在本村的人村耕地 _____亩 / 人　产量：_____kg/ 亩

主要粮食作物：_____　经济作物：_____

还有哪些经济活动？ _____　人均收入：_____ 元 / 人

明日社区

单元主题 3：明日社区
⑩ 负责任的旅行

授课对象

初中生

活动时长

60 分钟（180 分钟）

授课地点

室内

扩展人群

高中生及以上

适宜季节

春夏秋冬

授课师生比

1：2：（20~30）

辅助教具

课件 PPT、情境卡片、海报纸、双头彩笔、当地自然保护地的基本资料

知识点

- 自然保护地
- 生态旅游
- 负责任的旅行准则

教学目标

1. 了解生态旅游的定义及其基本开发原则。

2. 认同开展生态旅游的目的和意义，并愿意在未来的旅行中选择生态旅游项目。

3. 能基于自身旅行经验，设计一份自然保护地的生态旅游指南。

4. 愿意践行负责任的旅行准则，并能在生活中向他人分享和宣传。

涉及《指南》中的环境教育目标

环境知识

2.2.6　了解人口问题的产生、发展和变化，分析影响人口问题的众多因素；探讨人口剧增给生态环境和生活质量带来的影响。

2.2.8　了解不同地区和国家人们的休闲方式对环境的影响。

2.2.9　知道技术在推动经济与社会发展的同时，也可能给人类和环境带来一些负面影响。

2.2.10　理解发展经济不能以牺牲环境为代价，经济发展不能超越环境的承载力。

环境态度

3.2.1　珍视生物多样性，尊重一切生命及其生存环境。

3.2.2　关注家乡所在区域和国家的环境问题，有积极参与环保行动的强烈愿望。

3.2.3　愿意倾听他人的观点与意见，乐于与他人共享信息和资源。

3.2.6　树立可持续发展观念，愿意承担保护环境的责任。

技能方法

4.2.2　观察周围的环境，思考并交流各自对环境的看法。

环境行动

5.2.2　能践行可持续生活方式。

与《课标》的联系

初中生物

3.2.2　人类活动可能对生态环境产生影响，可以通过防止环境污染、合理利用自然资源等措施保障生态安全。

初中地理

4.2.3　结合实例，说明某地区发展旅游业的优势。

5.3.1　进行野外考察并利用图文资料，描述家乡典型的自然与人文地理事物和现象，归纳家乡地理环境的特点，举例说明其形成过程及原因。

5.3.3　举例说明家乡环境及生产发展给当地居民生活带来的影响和变化，并尝试用绿色发展理念，对家乡的发展规划提出合理建议，增强热爱家乡、建设家乡的意识。

核心素养

审美情趣、理性思维、批判质疑、勤于反思、信息意识、社会责任

教学策略

①　讲述　　　　③　问答评述　　　　⑤　讨论分享

②　展示　　　　④　体验式　　　　　⑥　问题解决

知识准备

生态旅游

　　"生态旅游"这一术语，最早由世界自然保护联盟（IUCN）于 1983 年提出。国际生态旅游协会将其定义为：为了解当地环境的文化与自然历史知识，有目的地到自然区域所做的旅游。生态旅游应该在不干扰自然地域、保护生态环境、降低旅游的负面影响和为当地人提供有益的社会和经济活动的情况下进行。

　　生态旅游可以带动当地的经济，使依靠旅游业的经济更加可持续，同时可以将一定的收入投入保护当地生态环境中。生态旅游在教育和公众宣传上也发挥了良好的作用，更多人通过生态旅游了解当地的人文和自然生态环境，有利于传播文化和认识保护自然环境的重要性（图 2-71）。

生态旅游项目应遵循的基本开发原则

　　生态旅游就是要把保护、社区和可持续旅游结合起来。这意味着那些实施、参与和开展生态旅游活动的相关方应该采取以下生态旅游原则。

　　①对旅游地的自然和社会环境尽可能减少物理性、社会性和心理性上的影响。

　　②建立对当地环境和文化的尊重。

　　③应为旅行者和当地居民提供积极的体验。

　　④由生态旅游带来的经济利益中的一部分要反哺于当地生态环境保护中。

⑤应为当地居民和私营企业创造经济利益。

⑥为旅行者提供难忘的解说体验，有助于提高游客对该地区生态环境、社会等的了解。

⑦应尽量设计和运营对环境影响低的设施，保留更多原始的生境和文化（图 2-72）。

⑧尊重当地居民的民俗习惯和信仰，邀请他们加入生态旅游的工作中，并为他们创造就业机会。

▲ 图 2-71　在印度的老虎自然保护区内游客们正在观察一头印度犀牛

▲ 图 2-72　一家开设在社区内的环境友好型餐厅

一次性个人用品的惊人浪费

酒店住宿往往会为客人配备一次性香皂、牙刷、牙膏、沐浴液、拖鞋和梳子，统称为"六件套"。这些用品大多用完即扔，造成巨大资源浪费。以香皂为例，根据国内酒店业市场规模，估测每家酒店每天约有 2.5kg 一次性香皂被丢弃，每年丢弃的香皂就超过 40 万 t。而香皂由于产品使用的原料不同，分拣和加工过程复杂，回收成本超过制造成本，因此很难回收。

2019 年，上海旅游住宿也率先推出不再主动提供牙刷、梳子、浴擦、剃须刀、指甲锉、鞋擦等六类一次性日用品的规定。2021 年，国务院印发《关于加快建立健全绿色低碳循环发展经济体系的指导意见》，倡导酒店、餐饮等行业不主动提供一次性用品。可以看到，这些规定在酒店行业推行的同时，也需要旅行者的负责任旅游意识的提升。

做一名负责任的旅行者

我们鼓励旅行者在旅行中与当地居民建立良好的关系，在感受真实旅行体验的同时，为当地社区和自然保护留下合理的收益，并能尊重当地生态环境和社会文化，采取有益的行为方式，努力将旅行对环境的不利影响降到最低（图 2-73）。以下是一些具体建议。

- 尊重文化差异，和当地居民打交道时尽可能适应本地文化。保持乐观友好的态度，展示礼貌和微笑。

- 出发前，提前了解旅行地的传统文化、习俗、饮食习惯。旅行中也可以尽量去认识和了解当地文化与居民，与他们多多交流，甚至还可以学习一些简单的当地方言。

- 在当地旅行时，可以尽可能雇佣当地导游，在当地人经营的旅社、餐馆、商店消费，促进当地就业。

- 多多品尝当地美食，但不食用受法律保护的动物制作的菜品。

- 随身携带环保袋，自带环保筷，尽可能减少一次性制品的使用。

- 旅行中产生的垃圾尽可能在具备处理能力的城镇或旅店进行处理。不随地乱扔垃圾，食物垃圾不能扔在树丛里或者抛出船外。

- 不在河流湖泊附近使用肥皂和洗发水。

- 选择支持环保政策和当地社区发展项目的旅行社。

- 不观看野生动物娱乐表演。

- 不购买非法野生动物贸易制品。

- 不把野生动物当作拍照的道具，不在动物被束缚的情况下合影。

- 不为了吸引动物靠近而发出声音，如拍手、吹口哨或学鸟叫等。

- 不触摸、投喂野生动物。

- 不采摘花草，捡拾保护区内的石头、贝壳等自然物品。

- 尊重当地保护地法规，不随意进入自然保护区的工作区域。

©WWF / Michel Gunther

▲ 图 2-73 在巴西，游客们正乘船穿过一片红树林

自然保护地

自然保护地是由政府依法划定或确认，对重要的自然生态系统、自然遗迹、自然景观及其所承载的自然资源、生态功能和文化价值实施长期保护的陆域或海域。自然保护地是生态建设的核心载体，在维护国家生态安全中居于首要地位。目前，我国已经建立了以国家公园为主体的自然保护地体系。

2019年，为规范我国自然保护地的管理，依据管理目标与效能并借鉴国际经验，国家林业和草原局正式宣布将建立以国家公园为主体的三级自然保护地体系，即国家公园、自然保护区和自然公园。国家在保护地体系中位于主体地位。自然保护区是我国自然保护地体系的基础，以原有的各级自然保护区为主，按照保护区域的自然属性、生态价值和管理目标进行调整优化。自然公园是整个保护地体系的重要补充，包括原有的森林公园、地质公园、海洋公园、湿地公园等其他自然保护地类型。

- 国家公园：以保护具有国家代表性的自然生态系统为主要目的，实现自然资源科学保护和合理利用的特定陆域或海域，是中国自然生态系统中最重要、自然景观最独特、自然遗产最精华、生物多样性最富集的部分，保护范围大，生态过程完整，具有全球价值、国家象征，国民认同度高。

- 自然保护区：是指保护典型的自然生态系统、珍稀濒危野生动植物种的天然集中分布区、有特殊意义的自然遗迹的区域，具有较大面积，确保主要保护对象安全，维持和恢复珍稀濒危野生动植物种群数量及赖以生存的栖息环境（图2-74）。截至2018年底，全国共建立自然保护区2750个，其中，国家级自然保护区474个；长江流域水生生物保护区332个，其中，长江豚类自然保护区10个。

© WWF／一个地球

▲ 图2-74 湖北长江天鹅洲白鱀豚国家级自然保护区俯瞰图

- 自然公园：是指保护重要的自然生态系统、自然遗迹和自然景观，具有生态、观赏、文化和科学价值，可持续利用的区域，确保森林、海洋、湿地、水域、冰川、草原、生物等珍贵自然资源，以及所承载的景观、地质地貌和文化多样性得到有效保护，包括森林公园、地质公园、海洋公园、湿地公园等各类自然公园（图 2-75）。

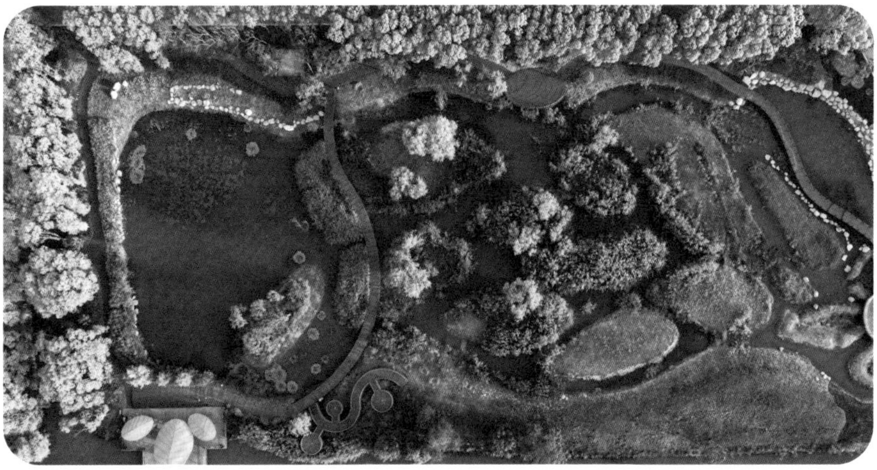

▲ 图 2-75　同里国家湿地公园科普馆的一角

生态旅游项目案例

（1）全球观鲸产业蓬勃发展

在全世界，每年都有数以千万计的游客参加观鲸这项生态旅游活动，观鲸成为最受欢迎的生态旅游项目之一（图 2-76）。游客们将在专业的观鲸向导的陪伴和指引下，在不打扰鲸类动物正常活动的情况下，亲眼观赏这种海洋中最庞大的哺乳动物。

据国际爱护动物基金会统计，2008 年，全球参与观鲸活动的人数达到 1300 万人次，观鲸行业创造的总价值约为 21 亿美元（约合 129 亿人民币），提供了大约 13000 个工作岗位。观鲸成了许多国家和地区的生态旅游支柱项目。

▲ 图 2-76　人们正在观鲸

战略合作伙伴
STRATEGIC
PARTNERS
WWF
ONE PLANET
一 个 地 球

以位于新西兰南岛的小镇凯库拉为例，该岛是著名的观鲸圣地，这里一年四季都能见到鲸类出没，尤其是以抹香鲸最为常见。观鲸行业已成为小镇的一项重要经济支柱，镇上随处可见鲸类标识，每年数以万计光临小镇的游客几乎都是为一睹鲸类的风采。这里每天有数班出海的专业观鲸船，由专业的观鲸公司管理，所有的工作人员都要经过严格的培训才能够上岗。船上有电视屏幕滚动播放关于鲸类的知识以及面临的问题，有专业的人员负责搜寻和探测鲸类的出没，观鲸船只开到离鲸类一定的距离后便会停下并熄灭发动机，不会进一步干扰鲸鱼的生活。船上配有专业的观鲸向导，他们会向游客介绍所看到鲸类的基本情况，让更多人了解这种神秘的海洋生物。在岸上的观鲸中心内还设有教育中心和礼品商店，更多游客在观鲸后还可以全方位了解鲸豚类动物的各类知识。

但是近年来的一些研究发现，观鲸活动会影响鲸类的行为和压力水平，并增加由于碰撞造成的死亡数。虽然在观鲸活动中规定了要与鲸类之间保持的最小距离、船只限速以及禁止进入的区域，但实际上的执行差异度很大。

（2）洞庭湖生态旅游业的探索

洞庭湖是中国第二大淡水湖泊，是包括江豚在内等多种野生动植物的家园，也是长江中一段重要的湿地保护区。洞庭湖周围工农业发达，自古以来有大量的居民以捕鱼为生，是长江中下游重要的鱼米之乡。

自 2002 年以来，世界自然基金会"携手保护生命之河——长江项目"开始将发展生态旅游作为推动湿地保护的一个有效途径。通过与湖区地方政府的共同努力，推广汉寿龙舟赛、三棒鼓、观鸟赛等传统文化形式的恢复，不仅大面积清除了原来洞庭湖上的"迷魂阵"、电打鱼等乱捕滥捞违章作业，而且生态旅游的理念开始深入人心，生态旅游也大大带动了地方经济的发展。

教学内容

1.1 教师开场介绍：询问学生是否喜欢旅游。请学生分享和家人朋友一起去自然环境中旅游的经验，比如，去风景名胜区、郊野公园、动物园和植物园，等等。教师可通过提问鼓励学生回忆在这些自然环境优美的地方的旅游经历。

1.2 教师询问学生，在自然环境中旅行时，自己通常喜欢做哪些事情，观察到的游客通常会做哪些事情。教师可以把这些事情记录在白板上。

1.3 教师进一步询问学生，是否有前往国家公园、湿地公园、地质公园、自然保护区及其周边等以自然保护为目的的自然环境的旅行经验，谈谈这些地方与风景名胜区、动物园等的差异有哪些，这些地方为何要开放旅游活动。

1.4 教师总结说明，进入自然环境中的旅游活动已成为一种重要的休闲方式。同时，人们也越来越喜欢到自然中进行旅游。本节课，将与学生共同探讨自然保护地的旅游话题，例如，保护地为什么要开展旅游活动，这些旅游活动的目的是什么？作为游客，我们如何成为一个负责任的旅行者？

时长缩短建议

教师可以注意控制互动的时间。

---

2 构建
15~30 分钟

2.1 教师介绍中国自然保护地的定义，以及以国家公园为主体，自然保护区为基础，自然公园为补充的保护地体系。通过这个环节，可以帮助学生认识到国家公园、自然保护区、自然公园都需要承担保护以及教育宣传的责任，同时它们也是公众走进自然、认识自然的重要窗口，从而引出如何让公众可以享受自然，在自然中学习，又不会给当地环境造成消耗。

2.2 教师引出生态旅游的概念和基本开发原则，并结合案例进行解释。

2.3 教师可举例生态旅游和普通旅游项目的实例，请学生分析，与普通的旅游项目相比，生态旅游项目有什么特点。

2.4 教师可以邀请学生分享曾经体验过的生态旅游活动，帮助学生将生态旅游的理念与自身经历相结合。

2.5 教师请学生以江豚保护地为例，结合生态旅游项目开发的基本原则，讨论当地开展生态旅游项目的目的以及开发原则。

2.6 教师进一步引导学生理解，除了生态旅游项目的开发方和运营方，游客行为规范也十分重要。将学生分为 4 组，给每组发放一张情境案例卡，请学生分组讨论：卡片中旅行者的行为是否得当，为什么？应该遵守哪些准则？

教师可以直接展示案例，并控制学生经验分享的时长。

---

3 实践
20~100 分钟

3.1 教师展示一份当地商业化的旅游指南，说明常见的旅游指南通常以抓住消费者的眼球为核心，介绍旅游景点、特色小吃、购物住宿等内容，以猎奇的心理来吸引消费者。那么，保护地的旅游指南需要包含哪些特殊的内容呢？

3.2 如果学生不知道该如何开始设计一份旅游指南，教师可以给学生展示一些优秀的生态旅游项目的宣传折页作为参考，共同讨论一份旅游指南中应该包括哪些内容。

3.3 实践任务：做一名负责任的旅行者。

教师给每组发放 1 张海报纸和 1 盒双头彩笔，请学生以 4~6 名为一组编写一份给江豚自然保护地游客阅读的生态旅游指南或宣传折页，鼓励学生用图文并茂的创意形式倡导环境友好的保护地生态旅游指南。

3.4 教师还可以为学生提供一些补充资料，比如，保护区和当地社区的地图、旅游规划方案，等等。如果时间充分，教师还可安排学生在当地基于项目实践，完成一次基础调研后进行设计。

如果时间较短，教师可以简化小组任务，请学生讨论一份江豚自然保护地的游客行为准则。

---

4 分享
15~30 分钟

4.1 教师邀请各小组将海报张贴在墙上，请每组派一位代表站在海报前，其他学生以小组为单位轮流参观其他各组的成果，并与每组海报前的学员进行分享和讨论，提供完善建议。

4.2 教师带领学生共同讨论：在面向游客指南中，哪些信息是重要的，但在你们小组讨论中没有考虑到的？哪些要求在实施时是最具挑战的？保护地的管理部门和社区应该如何配合？等等。

4.3 教师引导学生继续观看各组的游客指南，引导学生思考：有哪些准则是具有共同性而不仅仅只是针对自然保护地，在所有旅行中都可以践行的？

教师可适当减少海报墙浏览和讨论的时间。

5 总结
5~10 分钟

5.1 教师询问学生，通过今天的学习，对旅行有了哪些新的认识。

5.2 教师引导学生说出一些生态旅游项目的基本开发原则。

5.3 教师请学生分享，在旅行中自己愿意践行哪些行为。

6 评估

6.1 能够理解保护地开设生态旅游项目的目的，及其与传统旅游项目的差异。

6.2 能够说出一些游客在生态旅游时应遵循的基本行为准则。

6.3 能够通过小组合作，运用生态旅行的定义和开发原则，为当地保护地设计一份生态旅游的指南。

6.4 愿意在旅行中采取负责任的旅行方式，并乐于劝谏非文明旅游的游客，运用所学知识，向他们宣传文明旅游的重要性。

7 拓展

7.1 内容拓展

深度拓展

教师带领学生到江豚保护区进行一次研学旅行，了解保护区在生态旅游、自然解说、环境教育方面的工作和活动，在实地访谈中进一步完善负责任旅行的建议。

学生根据所学知识，以小组或家庭为单位为江豚保护区或当地的湿地公园设计一套生态旅游的活动方案。

广度拓展

了解国内外其他地区的生态旅游案例，并与父母共同设计一份生态旅行计划，向家人朋友进行宣传介绍。

结合所学知识，编写一份《负责任旅行指南》，并在学校、社区通过居委会布告栏、广播站、新媒体等平台发起倡议。

附录

附录一：《中小学环境教育实施指南（试行）》内容

说明：每一项前的编号 [A.B.C] 中，A 代表目标编号，如环境意识编号为 1；B 代表年级编号，如小学生编号为 1，初中生编号为 2，高中生编号为 3；C 代表该目标下的子目标序号。

1. 环境意识

1.1.1　欣赏自然的美。

1.1.2　运用各种感官感知环境和身边的动植物。

1.1.3　感知、说出身边自然环境的差异和变化。

1.2.1　意识到环境与个人身心健康的关系。

1.2.2　能从观察与体验自然切入，以文学艺术创作，音乐、戏剧表演等形式表现自然环境之美以及对其的关怀。

2. 环境知识

2.1.1　列举各种生命形态的物质和能量需求及其对生存环境的适应方式。

2.1.2　识别自然环境中物质和能量流动的过程及其特征。

2.1.3　举例说明自然环境为人类提供居住空间和资源。

2.1.4　理解生态破坏和环境污染现象，说明环境保护的重要性。

2.1.5　了解我国和世界人口数量的变化，知道我国实行计划生育国策的意义。

2.1.6　知道衣食住行因地区、文化等不同而存在差异，并了解这种差异对环境的影响。

2.1.7　初步知道日常生活方式对环境的影响。

2.1.8　了解日常生活中的常见技术产品及其环境影响。

2.1.9　了解技术在环境保护中的作用及其局限。

2.1.10　理解经济发展需要合理利用资源，并与生态环境相协调。

2.1.11　说出我国有关环境保护的主要法律法规。

2.1.12　列举公民、政府、企业和其他社会团体在环境事务中所扮演的角色。

2.1.13　举例说明个人参与环境保护和环境建设的途径和方法。

2.2.1　辨认各种自然过程及其成因，分析特殊自然现象可能给环境带来的变化。

2.2.2　理解生命过程中物质和能量的传输、利用、储存和转换，了解人类活动对自然过程的干扰和生态恢复措施。

2.2.3　解释生物的遗传和进化特征，知道不同物种对生境有不同要求，理解各种生物通过食物网相互联系构成生态系统。

2.2.4　列举一些物种濒危或者灭绝的原因，探讨物种灭绝对社会遗产、基因遗产等可能造成的后果。

2.2.5　知道自然环境各要素之间相互联系、相互制约，解释一些环境污染事件的物理和化学过程。

2.2.6　了解人口问题的产生、发展和变化，分析影响人口问题的众多因素；探讨人口剧增给生态环境和生活质量带来的影响。

2.2.7　了解不同地区或国家各民族在衣食住行等方面的不同生活方式，并分析这些不同生活方式与环境之间的相互关系与相互作用。

2.2.8　了解不同地区和国家人们的休闲方式对环境的影响。

2.2.9　知道技术在推动经济与社会发展的同时，也可能给人类和环境带来一些负面影响。

2.2.10　理解发展经济不能以牺牲环境为代价，经济发展不能超越环境的承载力。

2.2.11　描述现有的环境保护政策和法律的实施状况。

2.2.12　区别在环境保护和环境建设中不同参与者的不同角色。

2.3.1　描述地球上水循环和碳、氮、氧等元素循环过程及其环境特征。

2.3.2　说明影响地球表层的主要自然过程，特别是规模较大、持续时间较长的自然过程，以及随之产生的地球环境特征。

2.3.3　解释生境破碎、酸碱度、氧气、光照或水分等自然条件的波动对动植物种群的影响。

2.3.4　说明生物多样性包括遗传多样性、物种多样性和生态系统多样性3个层次，理解保护生物多样性对人类生产和生活的意义。

2.3.5　阐明生命环境是由彼此相互联系的动态系统组成；举例说明生态系统的演变是不可逆的，理解防治生态破坏和环境污染的重要性。

2.3.6　了解人口控制的措施及其作用。

2.3.7　知道多种多样的有利于可持续发展的生活方式。

2.3.8　了解技术在人类与环境关系演变历史中的作用及其影响。知道误用和滥用技术会破坏自然环境。

2.3.9　知道技术在给一些人带来利益的同时，也可能对其他人的利益造成损害。

2.3.10　理解可持续发展是人类的必然选择。

2.3.11　了解环境政策和法律的制订过程，并提出建议。

3. 环境态度

3.1.1　尊重生物生存的权利。

3.1.2　尊重、关爱和善待他人，乐于和他人分享。

3.1.3　意识到需求与欲望的差别，崇尚简朴生活。

3.1.4　尊重不同文化传统中人们认识和保护自然的方式与习俗。

3.1.5　认同公民的环境权利和义务，积极参与学校和社区保护环境的行动，对破坏环境的行为敢于批评。

3.2.1　珍视生物多样性，尊重一切生命及其生存环境。

3.2.2　关注家乡所在区域和国家的环境问题，有积极参与环保行动的强烈愿望。

3.2.3　愿意倾听他人的观点与意见，乐于与他人共享信息和资源。

3.2.4　尊重本土知识和文化多样性。

3.2.5　树立平等、公正的观念，认识全球资源分配不平等现状及其历史根源。

3.2.6　树立可持续发展观念，愿意承担保护环境的责任。

3.3.1　认识自然规律，摆正人与自然的关系，追求人与自然的和谐。

3.3.2　反思不同生活方式对环境的影响。

3.3.3　珍视文化多样性，关注濒危文化遗产的保护。

3.3.4　意识到资源利用和环境管理需要关注弱势群体，愿意采取行动促进社会的公正与公平。

3.3.5　在反思个人行为和人类活动对环境的影响的基础上，从本地着手，关注全球环境，并积极落实在行动上。

3.3.6　认同可持续利用资源和自然生态平衡是人类生存和发展的前提。

4. 技能方法

4.1.1　学会思考、倾听、讨论。

4.1.2　就身边的环境提出问题。

4.1.3　搜集有关环境的信息，尝试解决简单的环境问题。

4.1.4　评价、组织和解释信息，简单描述各环境要素之间的相互作用。

4.2.1　分析技术在环境保护中的作用及其局限。

4.2.2　观察周围的环境，思考并交流各自对环境的看法。

4.2.3　围绕身边的环境问题选择适宜的探究方法，确定探究范围，选择相应的调查工具。

4.2.4　依据环境调查方案，搜集、评价和整理相关信息。

4.2.5　在分析环境信息的基础上，设计解决环境问题的行动方案。

4.3.1　观察、描述并批判性地思考地区性和全球性的环境现象或环境问题。

4.3.2　理解关于环境的不同观点，通过交流和协商，形成保护环境的共识。

4.3.3　围绕自己选定的环境问题确定调查范围、设计调查方法、制订调查计划。

4.3.4　明确各种信息来源与各种调查类型的对应关系，对自己搜集的环境信息的准确性和可信性进行评价。

4.3.5　根据搜集的信息，设计几种解决方案，对比并确定行动方案。

4.3.6　归纳环境保护和环境建设中不同参与者的立场和行动，并进行反思。

4.3.7　分析影响公众参与环境保护和可持续发展建设的原因（个人的、文化的、政策的、制度的等），并就提高公众参与的有效性提出建议。

5. 环境行动

5.1.1　具有跟随家人、老师或同学共同参与自然体验和环境保护的活动经验。

5.1.2　能从自身开始，做到简单的环保行动，并在校园和家庭生活中落实。

5.1.3　具有跟随家人、老师或同学参与可持续发展相关议题的活动经验。

5.1.4　具有参与调查学校和社区周边生态环境的经验。

5.2.1　具有参与制定环境调查活动计划的经验。

5.2.2　能践行可持续生活方式。

5.2.3　主动参与学校社团、社区或当地环境保护组织的环境保护相关活动。

5.2.4　具有参与地区性环境议题调查研究的经验。

5.2.5　实施环境行动方案，并对结果进行反思。

5.3.1　参与举办学校或社区的环境保护与可持续发展相关活动。

5.3.2　能参与或组建社团，积极关注可持续发展议题，解决环境问题。

5.3.3　具有提出改善方案、采取行动，进而解决环境问题的经验。

5.3.4　具有参与国际性环境议题调查研究的经验。

5.3.5　实施环境行动方案，评价并提出改进建议。

5.3.6　能践行可持续生活方式，支持环境友好型产品。

5.3.7　能够表达自己的环境保护的观点，并以宣传或劝说的方式影响他人做出行为改变。

附录二：本课程涉及的《义务教育课程方案和课程标准（2022 年版）》内容

一、涉及的全国小学科学课程标准

1~2 年级

6. 生物体的稳态与调节

  6.2 人和动物通过获取其他生物的养分来维持生存

      6.2.1 举例说出动物可以通过眼、耳、鼻等器官感知环境。

3~4 年级

5. 生命系统的构成层次

  5.2 地球上存在动物、植物、微生物等不同类型的生物

      5.2.1 根据某些特征，对动物进行分类。

      5.2.2 识别常见的动物类别，描述某一类动物（如昆虫、鱼类、鸟类、哺乳类）的共同特征；列举几种我国的珍稀动物。

      5.6.2 列举动物依赖植物筑巢或作为庇护所的实例。

6. 生物体的稳态与调节

  6.2 人和动物通过获取其他生物的养分来维持生存

      6.2.1 举例说出动物通过皮肤、四肢、翼、鳍、鳃等接触和感知环境。

      6.2.2 描述动物维持生命需要空气、水、食物和适宜的温度。

11. 人类活动与环境

  11.1 自然资源

      11.1.1 说出人类利用矿产资源进行工业生产的例子，树立合理利用矿产资源的意识。

5~6 年级

5. 生命系统的构成层次

  5.6 生态系统由生物与非生物环境共同组成

      5.6.1 举例说出常见的栖息地为生物提供光、空气、水、适宜的温度和食物等基本条件。

6. 生物体的稳态与调节

  6.2 人和动物通过获取其他生物的养分来维持生存

      6.2.1 知道动物以其他生物为食，动物维持生命需要消耗这些食物而获得能量。

7. 生物与环境的相互关系

  7.1 生物能适应其生存环境

      7.1.1 举例说出动物在气候、食物、空气和水源等环境变化时的行为。

11. 人类活动与环境

  11.3 人类活动对环境的影响

11.3.1 正确认识经济发展和生态环境保护的关系，结合实例，说明人类不合理的开发活动对环境的影响，提出保护环境的建议，参与保护环境的行动。

二、涉及的义务教育生物学课程标准

2. 生物的多样性

2.1 对生物进行科学分类需要以生物的特征为依据

2.1.1 根据生物之间的相似程度将生物划分为界、门、纲、目、科、属、种等分类等级。

2.1.2 "种"是最基本的生物分类单位。

2.2 根据生物的形态结构、生理功能以及繁殖方式等，可以将生物分为不同的类群

2.2.4 脊椎动物（鱼类、两栖类、爬行类、鸟类、哺乳类）都具有适应其生活方式和环境的主要特征。

2.2.5 动植物类群可能对人类生活产生积极的或负面的影响。

2.4 我国拥有丰富的动植物资源，保护生物的多样性是每个人应有的责任。

2.4.1 我国拥有大熊猫、朱鹮、江豚、银杉、珙桐等珍稀动植物资源。

2.4.2 可通过就地保护、迁地保护等多种方式保护生物资源；有关野生动植物资源保护的法律法规是保护生物资源的基本遵循。

3. 生物与环境

3.1 生态系统中的生物与非生物环境相互作用，实现了物质循环和能量流动

3.1.2 生态因素能够影响生物的生活和分布，生物能够适应和影响环境。

3.2 生态系统的自我调节能力有一定限度，保护生物圈就是保护生态安全

3.2.2 人类活动可能对生态环境产生影响，可以通过防止环境污染、合理利用自然资源等措施保障生态安全。

5. 人体生理与健康

5.3 人体通过呼吸系统与外界进行气体交换

5.3.2 呼吸运动可以实现肺与外界的气体交换。

9. 生物学与社会·跨学科实践

概念9 真实情境中的问题解决，通常需要综合运用科学、技术、工程学和数学等学科的概念、方法和思想，设计方案并付诸实施，以寻求科学问题的答案或制造相关产品。

三、涉及的义务教育地理课程标准

4. 认识世界

4.2 认识地区

4.2.1 运用地图和相关资料，描述某地区的地理位置，简要归纳自然地理特征，说明该特征对当地人们生产生活的影响。

4.2.3 结合实例，说明某地区发展旅游业的优势。

5. 认识中国

    5.3   认识家乡

         5.3.1   进行野外考察并利用图文资料，描述家乡典型的自然与人文地理事物和现象，归纳家乡地理环境的特点，举例说明其形成过程及原因。

         5.3.3   举例说明家乡环境及生产发展给当地居民生活带来的影响和变化，并尝试用绿色发展理念，对家乡的发展规划提出合理建议，增强热爱家乡、建设家乡的意识。

7. 地理实践

    7.2   设计简单的调查方案，利用问卷、访谈等形式进行社会调查。

四、涉及的普通高中生物课程标准

选择性必修课

模块2   生物与环境

概念2   生态系统中的各种成分相互影响，共同实现系统的物质循环、能量流动和信息传递，生态系统通过自我调节保持相对稳定的状态。

2.1   不同种群的生物在长期适应环境和彼此相互适应的过程中形成动态的生物群落。

    2.1.1   列举种群具有种群密度、出生率和死亡率、迁入率和迁出率、年龄结构、性别比例等特征。

2.3   生态系统通过自我调节作用抵御和消除一定限度的外来干扰，保持或恢复自身结构和功能的相对稳定。

    2.3.2   举例说明生态系统的稳定性会受到自然或人为因素的影响，如气候变化、自然事件、人类活动或外来物种入侵等。

2.4   人类活动对生态系统的动态平衡有着深远的影响，依据生态学原理保护环境是人类生存和可持续发展的必要条件。

    2.4.1   探讨人口增长对环境造成的压力。

    2.4.2   关注全球气候变化、水资源短缺、臭氧层破坏、酸雨、荒漠化和环境污染等全球性环境问题对生物圈的稳态造成威胁，同时也对人类的生存和可持续发展造成影响。

    2.4.3   概述生物多样性对维持生态系统的稳定性以及人类生存和发展的重要意义，并尝试提出人与环境和谐相处的合理化建议。

    2.4.5   形成"环境保护需要从我做起"的意识。

五、涉及的普通高中地理课程标准

选择性必修

3 资源、环境与国家安全

    3.1   结合实例，说明自然资源的数量、质量、空间分布与人类活动的关系。

    3.6   结合实例，说明设立自然保护区对生态安全的意义。

六、涉及的普通高中艺术课程标准

必修课程

模块 1：艺术与生活

1.1　认识艺术起源于人类的生活、生产实践，探究人类如何运用艺术语言表现社会生活。

1.2　发现、感受日月星辰、山川湖海、春夏秋冬等自然景观的美，探究人类在生活中如何运用艺术形式借景抒情。

1.5　观察现实生活中的艺术设计，认识艺术在生活环境、产品创意等方面的应用及其体现的审美价值。

模块 3：艺术与科学

3.2　了解人类如何从自然、生活、科学实践中寻找并概括出和谐美的特征；在艺术与科学的关联中，认识变化与统一的秩序之美。

3.4　了解多媒体艺术的特点，探究数字化技术，为艺术创造开拓的新领域和表现形式。

七、涉及的普通高中美术课程标准

必修课程

模块　美术鉴赏

1.8　了解现当代艺术的创作观念、创作手法和代表作品，认识现当代艺术的多样性。

1.9　通过了解不同历史阶段美术的社会功能与作用，理解美术创作与现实生活的关系、艺术家的社会角色与文化责任。

1.10　选择中外著名艺术家或当代美术现象进行专题研究，在调查、分析和讨论的基础上撰写评论文章，并通过宣讲、展示等方式发表自己的看法。

选择性必修课程

模块 4　设计

5.1　通过观看和欣赏优秀设计作品，了解设计的概念与内涵、范围与种类，认识设计与生活的关系，知晓设计所具有的科技与艺术性、功能与生态性等基本特征。

模块 6　现代媒体艺术

7.1　知道现代媒体艺术的内涵及主要表现手段（摄影、摄像、数码绘画和数码设计），了解其科技、艺术和人文理念相结合的特征，既需要掌握现代数码媒体技术，又需要艺术感悟、造型和设计能力，还需要深度的人文思考和社会关注。在此基础上，进一步对不同的媒介类型进行比较和判断，认知其各自的技术特点。

7.6　了解和使用更多的形式进行综合性的艺术表达，如电影、新闻报道、纪录片、广告、音乐视频、动画、游戏视频和其他组合形式等。

八、涉及的普通高中信息技术课程标准

必修课程

模块 1：数据与计算

1.2　在运用数字化工具的学习活动中，理解数据、信息与知识的相互关系，认识数据对人们日常生活的影响。

附录三：反馈问卷样例

长江江豚主题环境教育活动反馈问卷(学生卷)

亲爱的同学，你好！

　　课程结束了，谢谢你的积极参与，我们非常希望了解在今天的活动中，你的真实感受和想法。为此，我们设计了这份小问卷，希望你能帮忙完成它。非常感谢！

你的性别		年龄	

请找出最符合你的想法的选项，并打钩。（单选）	😀	🙂	😐	🙁	😞
在活动中，我能认识到长江江豚是一种很特别的动物。	○	○	○	○	○
参加完活动后，我已经能说出大部分老师今天所介绍的关于长江江豚的知识点。	○	○	○	○	○
我知道长江江豚需要合适的生存环境。	○	○	○	○	○
我在活动中理解了长江保护和长江江豚的关系。	○	○	○	○	○
我学会了在团队活动中要倾听他人和合作。	○	○	○	○	○
我认为保护长江江豚是非常重要的。	○	○	○	○	○
今后我会用学到的方法去保护长江江豚和长江。	○	○	○	○	○
今后我会对长江有关的环境问题更加关注。	○	○	○	○	○
参加完今天的活动，我会更愿意保护长江。	○	○	○	○	○
我会把今天的活动和内容分享给我的家人和朋友。	○	○	○	○	○

在今天的活动中，我最喜欢的环节是……，因为……

我想对老师说……

我想对长江江豚说……

长江江豚主题环境教育活动反馈问卷（带队教师或家长卷）

感谢您陪同学生参加此次"留住江豚的微笑"教育活动。为了帮助我们更好地了解您对活动的看法，帮助我们优化教学内容方法和行政安排等工作，请您帮忙填写这份反馈问卷。您所提供的信息将仅用于内部工作使用，不会对外泄露您的个人信息。再次感谢您的支持！

XXXXXXXX 教育团队

您的身份	○ 家长	○ 带队老师	学生年龄	

请按满意程度为本次活动打分，1 分为最低分，5 分为最高分。
请在符合您看法的选项下打钩。

	1分	2分	3分	4分	5分
本次活动的教学内容	○	○	○	○	○
活动内容与学校课程内容结合程度	○	○	○	○	○
教师使用的教学方法	○	○	○	○	○
教师为学生个人能力培养提供的机会	○	○	○	○	○
教师的教学经验	○	○	○	○	○
教师的生态知识专业性	○	○	○	○	○
活动场地设施条件	○	○	○	○	○
行政后勤安排	○	○	○	○	○

补充：您对此次活动的内容设计、教学方法和行政安排上是否有意见或建议。

这是您第几次带孩子或学生参加环境教育活动？

○ 第一次　　○ 第二次　　○ 第三次　　○ 三次以上

您觉得本次教学活动对学生而言难易程度如何？

○ 过难，因为 _____　　　○ 第一次　　○ 过易，因为 _____

您是否会将本活动推荐给其他朋友？

○ 一定会　　○ 可能会　　○ 不一定　　○ 可能不会　　○ 一定不会，因为 _____

附录四：主要参考文献

毕超贤，杨士剑，刘聪，等．访谈法在野生动物调查中的应用综述 [J]．林业调查规划，2016，41（04）：12-15，20．

戴彩姣，唐斌，郝玉江，等．长江江豚健康评价体系研究 [J]．安徽农业大学学报，2021，48（03）：403-411．

高安利，周开亚．关于江豚的古籍记载及现代研究 [J]．兽类学报，1993（03）：223-234．

国家林业局湿地保护管理中心，世界自然基金会．生机湿地 [M]．北京：中国环境出版社，2017．

郝玉江，王丁，张先锋．长江江豚繁殖生物学研究概述 [J]．兽类学报，2006（02）：191-200．

何画．环境问题以及艺术行为对全球环保的有效支持 [D]．北京：天津美术学院，2017．

何思源，魏钰，苏杨，等．保障国家公园体制试点区社区居民利益分享的公平与可持续性——基于社会生态系统意义认知的研究 [J]．生态学报，2020，40（07）：2450-2462．

侯亚义．长江江豚的饲养和观察 [J]．水产养殖，1993（03）：13-17．

华元渝，项澄生，董明，等．长江江豚的交配行为和摄食行为的研究 [J]．长江流域资源与环境，1994，3(2)：6．

蒋文华．长江江豚迁地保护概述 [J]．安徽大学学报（自然科学版），2010，34（04）：104-108．

廖承义．江豚听觉器官外形解剖的初步观察 [J]．动物学报，1978（03）：79-89．

刘馨，郝玉江，刘增力，等．长江江豚自然保护区建设管理存在的问题及调整建议 [J]．水生生物学报，2020，44（06）：1360-1368．

刘阳，赵振斌，李小永，等．自然保护地社区居民感知冲突的空间响应及形成机制——以西昌邛海国家湿地公园为例 [J]．地理科学，2022，42（03）：401-412．

刘志刚，彭芳珍，陈敏敏，等．长江江豚非正常死亡的病例报告 [J]．中国兽医杂志，2019，55（03）：97-99+9．

梅志刚，郝玉江，郑劲松，等．拯救长江江豚大家谈 [J]．人与生物圈，2014，000（001）：40-48，50-53．

梅志刚，郝玉江，郑劲松，等．鄱阳湖长江江豚的现状和保护展望 [J]．湖泊科学，2021，33（05）：1289-1298．

农业部．长江江豚拯救行动计划（2016—2025）[OL]．2018．http：//www.cjyzbgs.moa.gov.cn/ztzl/201904/t20190428_6220352.htm．

穷游网．负责任的旅行 [J/OL]．（2019-01-27）[2022-07-09]．https：//media.qyer.com/responsible_travel.pdf?attname=responsible_travel.pdf

尚艳春．自然保护区工作困境的社会学解读 [D]．兰州：兰州大学，2006．

时文静，王志陶，方亮，等．打桩水下噪声对长江江豚影响初探 [J]．水生生物学报，2015，39（02）：399-407．

世界自然基金会中国，一个地球自然基金会．长江江豚巡护员现状调查报告 [R/OL]．（2019-08-03）[2022-05-08]．https://webadmin.wwfchina.org/storage/files/%E5%8F%91%E5%B8%83%EF%BC%9A%E9%95%BF%E6%B1%9F%E6%B1%9F%E8%B1%9A%E5%B7%A1%E6%8A%A4%E5%91%98%E7%8E%B0%E7%8A%B6%E8%B0%83%E6%9F%A5%E6%8A%A5%E5%91%8A-WWF&OPF%202019(1).pdf．

世界自然基金会中国．长江生命力报告 [J/OL]．（2020-09-27）[2022-07-01]．https://wwfchina.org/content/press/publication/2020/WWF-%E9%95%BF%E6%B1%9F%E7%94%9F%E5%91%BD%E5%8A%9B%E6%8A%A5%E5%91%8A-%E4%B8%AD%E6%96%87final.pdf．

宋光泽，王广洁，董金海．江豚呼吸系统形态解剖和组织学的初步研究 [J]．海洋与湖沼，1986（03）：228-234，266-268．

王丁，郝玉江．白豚"功能性灭绝"背后的思考 [J]．生命世界，2007（11）：44-47．

王丁，王克雄．远逝的长江女神 搜寻最后的白豚 [M]．南京：江苏科学技术出版社，2018．

王俊，李洪志，左涛，等．海洋江豚的研究概述 [J]．渔业科学进展，2021，42（05）：188-196．

王克雄，王志陶，梅志刚，等．长江生态考核指标：基于被动声学监测的长江江豚数量 [J]．水生生物学报，2021，45（06）：1390-1395．

吴昀晟，唐永凯，李建林，等．环境 DNA 在长江江豚监测中的应用 [J]．中国水产科学，2019，26（01）：124-132．

熊莉，沈文星，曾岳．基于选择实验法的野生动物资源生态价值评估——以神农架自然保护区为例 [J]．林业经济，2020，42（05）：40-49．

熊远辉，张新桥．长江湖北新螺江段长江江豚数量、分布和活动的研究 [J]．长江流域资源与环境，2011，20（2）：143．

胥左阳．鄱阳湖重点水域长江江豚种群现状、行为特征及其保护研究 [D]．南昌：南昌大学，2015．

徐跑，刘凯，徐东坡，等．长江江豚的保护现状及研究展望 [J]．科学养鱼，2017（05）：1-3．

杨梅．自然保护区社区共管模式下原住民权利义务研究 [D]．昆明：昆明理工大学，2017．

雍怡．我的野生动物朋友 [M]．上海：少年儿童出版社，2019．

于道平．长江江豚保护生物学研究进展 [J]．安徽大学学报（自然科学版），2003（04）：98-103．

袁方．社会调查原理与方法 [M]．北京：高等教育出版社，2004．

张丽娜，王靖，朱文哲．"新调整"能否终结自然保护区乱象？[N/OL]．经济参考报，（2020-07-23）[2022-05-08]．http://www.jjckb.cn/2020-07/23/c_139233579.htm．

张先锋，刘仁俊，赵庆中，等．长江中下游江豚种群现状评价 [J]．兽类学报，1993（04）：260-270．

张先锋，王克雄．长江江豚种群生存力分析 [J]．生态学报，1999（04）：529-533．

中国绿色时报．国家公园十大关键词 [EB/OL]．（2021-10-13）[2022-07-11]．http：//www.hnlky.cn/readnews.asp?id=24061．

中国人与生物圈国家委员会．长江江豚最后的拯救 [EB/OL]// 人与生物圈．（2014-01）[2022-07-06]．http：//www.mab.cas.cn/cbkw/mabzz/201411/P020150601542791719735.pdf．

中国野生动物保护协会水生野生动物保护分会作，李彦亮．中国水生野生动物保护蓝皮书 [M]．北京：海洋出版社，2021．

中华人民共和国教育部．中小学环境教育实施指南 [M]．北京：北京师范大学出版社，2003．

AMANO M. Finless Porpoises: Neophocaena phocaenoides[M/OL]//WÜRSIG B，THEWISSEN J G M，KOVACS K M. Encyclopedia of Marine Mammals Third Edition. Academic Press，2018：372-375[2022-07-07]. https：//www.sciencedirect.com/science/article/pii/B9780128043271001291. DOI：10.1016/B978-0-12-804327-1.00129-1.

BRAULIK G T，KHAN U，MALIK M，et al. *Platanista minor. The IUCN Red List of Threatened Species* 2022：e.T41757A50383490[EB/OL]．（2022-07-21）[2022-09-08]. https：//dx.doi.org/10.2305/IUCN.UK.2022-1.RLTS.T41757A50383490.en.

DA SILVA V，MARTIN A，FETTUCCIA D，et al. *Sotalia fluviatilis. The IUCN Red List of Threatened Species* 2020：e.T190871A50386457[EB/OL]．（2020-12-10）[2022-05-08]. https：//dx.doi.org/10.2305/IUCN.UK.2020-3.RLTS.T190871A50386457.en.

DA SILVA V，TRUJILLO F，MARTIN A，et al. *Inia geoffrensis. The IUCN Red List of Threatened Species* 2018：e.T10831A50358152[EB/OL]．（2018-11-14）[2022-05-08]. https：//dx.doi.org/10.2305/IUCN.UK.2018-2.RLTS.T10831A50358152.en.

DOLAR M，DE LA PAZ M，SABATER E. *Orcaella brevirostris* (Iloilo-Guimaras Subpopulation). *The IUCN Red List of Threatened Species* 2018：e.T123095978A123095988[EB/OL]．（2018-11-14）[2022-05-08]. https：//

dx.doi.org/10.2305/IUCN.UK.2018-2.RLTS.T123095978A123095988.en.

IUCN. 白豚 [R/OL]. （2022-04-08）[2022-05-08]. https：//www.iucnredlist.org/species/12119/50362206.

IUCN. 恒河豚 [R/OL]. （2022-04-08）[2022-05-08]. https：//www.iucnredlist.org/species/41756/17627639.

IUCN. 土库海豚 [R/OL]. （2022-04-08）[2022-05-08]. https：//www.iucnredlist.org/species/190871/50386457.

IUCN. 亚马孙河豚 [R/OL]. （2022-04-08）[2022-05-08]. https：//www.iucnredlist.org/species/10831/50358152.

IUCN. 伊洛底瓦江豚 [R/OL]. （2022-04-08）[2022-05-08]. https：//www.iucnredlist.org/species/15419/123790805.

KELKAR N，SMITH B D，ALOM M Z，et al. *Platanista gangetica. The IUCN Red List of Threatened Species* 2022：e.T41756A50383346[EB/OL]. （2022-07-21）[2022-09-08]. https：//dx.doi.org/10.2305/IUCN.UK.2022-1.RLTS.T41756A50383346.en.

MOONEY T A，LI S，KETTEN D R，et al. Hearing pathways in the Yangtze finless porpoise，Neophocaena asiaeorientalis asiaeorientalis[J]. Journal of Experimental Biology，2014，217（3）：444.

MINTON G，SMITH B D ，BRAULIK G T，et al. *Orcaella brevirostris* (errata version published in 2018). *The IUCN Red List of Threatened Species* 2017：e.T15419A123790805[EB/OL]. （2017-11-05）[2022-05-08]. https：//dx.doi.org/10.2305/IUCN.UK.2017-3.RLTS.T15419A50367860.en.

STRONZA A，P F. Ecotourism and Conservation：Two Cases from Brazil and Peru[J]. Human Dimensions of Wildlife An International et al.，2008，13：4.

SMITH B D，WANG D，BRAULIK G T，et al. Lipotes *vexillifer*[EB/OL]. *The IUCN Red List of Threatened Species* 2017：e.T12119A50362206[EB/OL]. （2017-11-05）[2022-05-08]. https：//dx.doi.org/10.2305/IUCN.UK.2017-3.RLTS.T12119A50362206.en.

SMITH B D. *Orcaella brevirostris* (Ayeyarwady River subpopulation). *The IUCN Red List of Threatened Species* 2004：e.T44556A10919593[EB/OL]. （2004-11-17）[2022-05-08]. https：//dx.doi.org/10.2305/IUCN.UK.2004.RLTS.T44556A10919593.en.

SMITH B D，BEASLEY I. *Orcaella brevirostris* (Songkhla Lake subpopulation). *The IUCN Red List of Threatened Species* 2004：e.T44557A10919695[EB/OL]. （2004-11-17）[2022-05-08]. https：//dx.doi.org/10.2305/IUCN.UK.2004.RLTS.T44557A10919695.en.

WANG J Y，Reeves，R. 2017. *Neophocaena asiaeorientalis*. The IUCN Red List of Threatened Species 2017：e.T41754A50381766[EB/OL]. （2017-11-05）[2022-05-08]. http：//dx.doi.org/10.2305/IUCN.UK.2017-3.RLTS.T41754A50381766.en

WANG J Y，Reeves，R. 2017. *Neophocaena phocaenoides*. The IUCN Red List of Threatened Species 2017：e.T198920A50386795[EB/OL]. （2022-05-08）[2022-05-08]. http：//dx.doi.org/10.2305/IUCN.UK.2017-3.RLTS.T198920A50386795.en

WANG D, TURVEY S T, ZHAO X,et al. *Neophocaena asiaeorientalis* ssp. asiaeorientalis. The IUCN Red List of Threatene Species 2013：e.T43205774A45893487[EB/OL]. （2013）[2022-05-08]. https：//dx.doi.org/10.2305/IUCN.UK.2013-1.RLTS.T43205774A45893487.en.

WWF. River Dolpins & People：Shared Rivers，Shared Future[R]. 2010.

WWF. River dolphin conservation and management：best practices from around the world. [R]. 2021.

YANG J，WAN X，ZENG X，et al. A preliminary study on diet of the Yangtze finless porpoise using next-generation sequencing techniques[J]. Marine Mammal Science，2019.

ZHOU X，GUANG X，SUN D，et al. Population genomics of finless porpoises reveal an incipient cetacean species adapted to freshwater[J]. Nature communications，2018，9：1276.

图书在版编目（CIP）数据

留住江豚的微笑：长江江豚环境教育课程/陈璘主
编. -- 北京：中国林业出版社，2022.12
ISBN 978-7-5219-1884-7

Ⅰ.①留…　Ⅱ.①陈…　Ⅲ.①江豚—介绍—中国
Ⅳ.①Q959.841

中国版本图书馆CIP数据核字（2022）第182445号

审图号：GS京（2022）1129号

策划编辑：肖　静
责任编辑：肖　静　邹　爱
封面设计：北京五色空间文化传播有限公司

出版发行：中国林业出版社
　　　　　（100009，北京市西城区刘海胡同7号，电话010-83143571）
电子邮箱：cfphzbs@163.com
网　　址：www.forestry.gov.cn/lycb.html
印　　刷：北京博海升彩色印刷有限公司
版　　次：2022年12月第1版
印　　次：2022年12月第1次印刷
开　　本：889mm×1194mm 1/16
印　　张：13
字　　数：270千字
定　　价：98.00元